U0155992

餐桌上的中国史

张竞——著

方明生 方祖鸿——译

中信出版集团 | 北京

图书在版编目（CIP）数据

餐桌上的中国史 / 张竞著 ; 方明生 , 方祖鸿译 . --
北京 : 中信出版社 , 2022.5（2023.2 重印）
ISBN 978-7-5217-3214-6

I. ①餐… II . ①张… ②方… ③方… III . ①饮食－
文化史－中国 IV . ① TS971.202

中国版本图书馆 CIP 数据核字（2021）第 104900 号

餐桌上的中国史
著者：　张竞
译者：　方明生　方祖鸿
出版发行：中信出版集团股份有限公司
（北京市朝阳区东三环北路 27 号嘉铭中心　邮编　100020）
承印者：　湖南天闻新华印务有限公司

开本：880mm×1230mm　1/32　　印张：9
插页：8　　字数：194 千字
版次：2022 年 5 月第 1 版　　印次：2024 年 2 月第 7 次印刷
书号：ISBN 978-7-5217-3214-6　　定价：58.00 元

服务热线：400-600-8099
投稿邮箱：author@citicpub.com

餐桌上的中国史

序言 中文版作者序 /I

序章 变化中的中国味觉 /IX

第一章

从孔子的餐桌说起

春秋战国时代

1. 两千五百年前的主食 /002

/ 黍（黄米）：尊为待客上品 / 菽（豆）：身系庶民生死 /
/ 粟（小米）：贵为上等主食 /

2. 孔子餐桌上的菜肴 /006

/ 猪肉为肉食之首 / 鱼的种类五花八门 / 蔬菜名称生僻古怪 /

3. 受时代限制的烹饪方法 /013
/“生肉为脍”常现餐桌/古代烹饪法之滥觞/凉拌菜与腌菜之由来/

4. 神享用的供品与人品尝的菜肴 /018
/清蒸全鸡溯源/“供奉”与“食用”之间/祭祀与饮食习惯/

5. 孔子时代的餐桌礼仪 /022
/饭是用手抓着吃的/筷子是取菜用的/分食制源远流长/先祖们一日两餐/

第二章

“粉磨登场”话面食

汉代

1. 颗粒状食用的麦子 /030
/“粒食”化的由来/粟为主食的原因/小麦是何时开始种植的/

2. 与西域的交往及面食之东渐 /034
/面类食品的历史脚印/与西域的交往及面食的引入/
/麦子种植量的增加/面食的推广/

3. 汉代饮食生活的林林总总 /040
/中原地区的农作物/马王堆古墓中所见的汉代饮食/蔬菜的温室栽种/
/汉代也有“大排档”/

4. 面食的奇迹——饺子的那些事 /046
/遍及东西的踪迹/饺子起源之谜/白居易为何没有吃过饺子？/
/饺子名称变迁小考/

第三章

餐桌上的“民族大融合”

魏晋·六朝时代

1．“胡饼”的变迁 /064

/ 两千年前的西餐——“胡饼” / 制作烧饼的“胡饼炉” /
/ 史书中的“胡饼” / 诗中的“胡饼” /

2．面食登上主食的宝座 /071

/ 发酵法的出现 / 酵母制作法寻迹 / 登上祭坛的面食 /
/ 面食的五彩戏法 / 供物与主食 / 主食的推陈出新 /

3．游牧民族带来的菜肴 /078

/ “胡炮肉”：羊肉的蒸焦 / “胡羹”：羊肉葱头汤 / “羌煮”：鹿头炖猪肉 /
/ “胡饭”：包着肥肉与蔬菜的卷饼 / “貊炙”：羊的整烤 /

第四章

丝绸之路带来的食文化交流

隋唐时代

1．食狗肉风俗的变迁 /088

/ 狗肉到哪里去了？ / 新石器时代的家畜 / 文献中的狗肉 / “狗屠”是专职 /
/ 狗肉成为禁忌 / 游牧民族的爱宠 / 从佳肴到宠物 / 狗肉有害论 /
/ 吃狗肉为何下贱 / 忘却了的美味

2. 丝绸之路传来的调味品 /105
/ 印度来的辣味 / 波斯来的香料 / 反客为主的陈皮 / 喧宾夺主的大蒜 /

3. 西域传来的食物 /111
/ 唐代的“胡人”与“胡食” / “胡饼”和“烧饼”有何不同？ /
/ “饆饠”究竟是什么？ / 西域来的滋补品 / “胡菜”的吃法 /

第五章

宋朝文人阶层的味觉追求

宋代

1. 猪肉为何被打入冷宫 /124
/ 受推崇的羊肉 / 被冷落的猪肉 / 尊崇羊肉的前因后果 /
/ 羊群的“南下” /

2. 近似日本料理的宋代菜肴 /132
/ 少油的菜肴 / 蔬菜的生食 / 炒菜的变迁 / “炒”的另一妙用 /
/ 清淡的宋代菜肴 /

3. 文人趣味与味觉 /140
/ 蔬菜的烹饪方法 / 清澈的汤 / 新的尝试：做汤时加油 /
/ 食材的变革 /

第六章

大帝国餐桌上的箸与匙

宋元时代

1. 筷子为何是纵向摆放的？ /150

/ 中国的筷子原来也是横放的 / 宋、元时代的演变 / 从席子到桌子 /
/ 筷子的直放与餐刀 /

2. 餐桌上的箸与匙 /157

/ “箸”与“匙”的分工 / 筷子与面条 / 生日吃面条的习俗始于何时？ /
/ 用筷子吃饭 / 南北分道扬镳 /

3. 元代的餐饮和烹饪方法 /172

/ 盛大的飨宴 / 宫廷菜的主角 / 元代的饮食 /
/ 丰富多彩的民族饮食 /

4. 春卷的前世今生 /176

/ “春茧”不是春卷 / 春卷皮制法特点 / 更像春卷的“卷煎饼” /
/ 春卷的原型探源溯流 /

第七章

味觉大革命的时代

明清时代

1. 珍馐是如何被发现的 /184

/ 红烧大排翅才是极品 / 鱼翅是南方食物 / 明朝皇帝也不知鱼翅味 /
/17 世纪的汤煮排翅 / 干发的鱼翅 / 鱼翅烹调法的进化 /

/ 鱼翅的大流行 / 不喜欢海鲜的满族人 / 鱼翅登上清朝的御膳餐单 /

2. 味觉革命——辣椒传入中国的过程 /199
/ 革命家嗜辣 / 辣椒何时传到中国 /18 世纪辣椒在饮食中仍毫无踪迹 /
/ 四川人也不吃辣椒 /19 世纪：辣椒的亮相 / 宫廷菜里无辣椒 /
/ 辣椒的大进军 / 辣椒不登大雅之堂 / 辣椒菜肴的记录 /
/ 厨师的秘籍：味淡即上品 / 中国名菜的几则逸闻 /

3. 不断进化的中餐 /215
/21 世纪后的新动向 / 不断花样翻新的食材 / 流行风里的烹调法 /
/ 千奇百怪的菜名 / 标新立异的餐具 / 变幻无穷的中国菜 /

结　语 /225

引用文献 /229

译者参考文献 /237

解说　黄粱美梦后的清醒 /243

译后记　《餐桌上的中国史》翻译有感 /249

中文版作者序

拙作《餐桌上的中国史》中文版问世，笔者感到格外欣喜。感到欣喜的原因有二。其一，笔者在日本从事教育研究工作多年，迄今出版了日文著作近20部，其中既有翻译成英文、韩文的，也有翻译成中文在台湾出版的，但竟然在大陆还没有译本。尽管有些出版社多次表示了意向，但最终都不了了之，多少有点令人遗憾。这次出版社独具慧眼，本书才得以和大陆的读者见面，故感到格外欣喜。

其二，本书的译者方明生教授既是大学的同窗，又是几十年来的知音好友。虽毕业后各奔东西，专业各异，但同为人文科学的研究者，偶尔相遇，煮酒论文，颇为投机。方教授又是译著颇丰的翻译家，能请到这么一位高手翻译拙作，笔者既感到诚惶诚恐，又是万分欣喜。校阅翻译稿时，回想当年，映雪夜读，往事历历在目，不由感慨万分。本书的中文版既是学问上兴趣相投的结果，也是长年友谊的结晶，同时又给笔者带来了一份同窗的温暖。

撰写本书的目的有二。一是探讨饮食文化的细节。在这个层面上，笔者执笔时首先想到的是一般读者。有关中华料理，有许多认识的误区。比如中国文化有5 000年历史，人们往往模模糊糊地认为现代的菜肴也有着悠久的历史。然而具体考证起来，可知并非如此。

历史大河大浪淘沙，有些食物确实从古代延续到现在，但更多的是随着时光的流逝而消失在历史的黑暗中了。即使古代延续下来的食物，其烹饪加工方法也不一定相同。随着农业技术的发展、农作物品种的增加、交通运输的发达以及外贸的扩大，食物的品种越来越多，食品加工及烹饪方法也多样化了。人追求美味的欲望永无止境，饮食文化不断在变化，但许多细节并未被记录下来。

本书根据史书文献中的蛛丝马迹，查清了一些食品和菜肴的来龙去脉。对有些问题不仅仅做了史料考证，还进行了实践验证。笔者喜欢亲自下厨，只要有菜谱，即使介绍得很简单，菜肴也大致能复原出来。实际的烹调经验，也起到了辨伪存真的作用。尽管如此，仍留下不少课题和疑问有待进一步探讨。

笔者本着实事求是的精神，对没有确实把握的问题，不勉强做出结论，不明之处都一一写明，以待后人考证。生活文化史的细节甚为复杂，要还原文化史真相，不是靠一两个人的努力就可以达到目的的，可能要靠几代人的努力。我的专业不是饮食史，在这方面并没有任何功名心，对于谁是“第一发现者”不甚感兴趣，重要的是厘正历史之细节。本书之探讨涉及生活中的一些小知识，希望读者能感兴趣，开卷有益。

第二个目的是对文化史的再探讨。笔者的专业是比较文学比较文化。在日本，比较文化史研究是比较文学比较文化之一个分支。本书从其内容看，涉及多处饮食文化的细节，颠覆了许多常识。本书课题的发现、研究的着眼点、考证以及论述的展开，其实都源自比较文化史的研究方法。个别读者可能认为本书牵涉外国的部分凤毛麟角，算不上比较文化，其实不然。与一般人的想象不同，在日本的学术界，对没有关联的两国文化现象一般不进行平行的比较，所谓比较文学比较文化的研究，绝大多数是研究文学题材的来源，或文化现象之由来。笔者之所以选择了这个课题，意在厘清料理及饮食习惯的源流。

中国国土广阔，历史上许多民族交互兴亡，不同文化之间的冲突、对立、融合、接受等现象很普遍，但因难以区分彼此，最后融成了一个民族，许多文化史的细节都湮灭了。任何一个文化的发展过程都是很值得玩味的，许多问题涉及两个或两个以上民族和文化的交错。从民族文化之间的交往看，饮食文化的嬗变，其实就是一个比较文化史研究的课题。

此外，笔者之所以对这个课题感兴趣，很大一部分原因和接触异国文化的经验有关。笔者是1985年来到日本的，迄今在日本居住了30多年，人生的一半以上是在日本度过的。

刚到日本时，有许多新奇的体验。中日文化似同非同，中国早就销声匿迹的文化习俗，如曲水之宴、乞巧、盂兰盆会、喝屠苏酒等习俗在日本还保留着。我上小学之前上海还有盂兰盆节，但后来消失殆尽。没想到在日本不仅保留了下来，而且是个很重要的祭祀日，虽然内容和形式已和原来大相径庭，并改成了阳历，但毕竟保存下来了。

日本有一种食品叫“外郎”，也叫“外郎饼”。据传明代有一位叫陈宗敬的医生，室町时代移民到日本。他的后裔曾经给战国时代大名北条氏纲献上了一剂药，此药既可用于医治消化道疾病，也有祛痰作用。因该药做成糖果一般，后来就成了小田原的特产。传到名古屋后，又衍生出用糯米粉做的“外郎饼”，现在许多地方都有类似的食品。也有一种说法是“外郎”原是服用中草药时的甜点心，用以对冲苦味。每当看到“外郎”，笔者就不禁联想起上海城隍庙的“梨膏糖”。但“外郎”的制作方法要简单得多，用米粉和黑糖即可。这些事物都引起了笔者的遐想。

再如听到日本的雅乐，便会想象唐朝人听的音乐或许与之相近，就好像跨越了时间，步入了古代。日本就好像一个活的文化博物馆，许多中国失去的事物在这里都可以找到痕迹。这种体验对我有着一种

图0-1　外郎饼

图0-2　上海的梨膏糖

震撼心灵的作用，于是就会想到，日本是否还有其他留存的中国古文化痕迹？物质文化虽经过兵荒马乱的年代，终有幸存下来的。但音乐、舞蹈或食物的制作及烹饪方法等，都依赖于身体的运作，需靠身教口传，许多已消失在历史的长河中了。

接触到日本文化，就有一种冲动，对了解中国古代文化史细节会产生浓厚的兴趣。譬如筷子横放还是竖放，吃米饭时古代人是用手、匙还是筷子等问题，如果不来日本就不会想到。日本诗人佐佐木干郎曾对笔者说，如果你不来日本，可能根本想不到去写这类书。他的话可以说是一针见血。

值得庆幸的是，日本保存中国古籍的工作做得也很好。笔者任教的大学图书馆里，几乎应有尽有。有些中国已佚失的古书，在日本还找得到。在撰写本书期间，最使笔者感动的是，在普通的大学图书馆里借到了线装本的原版《玉函山房辑佚书》，其中的宣纸已有虫蛀之处，但字迹依然清晰可读。大学图书馆的藏书大多为教员订购之书籍，日本学者搜书之广博、嗜书之情深，从中可见一斑。

20世纪80年代的日本对中国文化普遍有一种敬仰心理。谈起中华料理，必冠以“有五千年历史之久”之类的褒义词，连“麻婆豆腐”“青椒肉丝”等大众菜也不例外。当时笔者便感到疑惑，这些菜的历史是否真的有四五千年之久？想起中国的历史电视剧，也是一样，古代圣贤、英雄饭桌上的菜肴竟然和现代相差无几。

看过达·芬奇的《最后的晚餐》这幅画就可知道，15世纪的绘画中，宴会餐桌上大多只有葡萄酒与面包，羊肉则隐隐约约可见而已。

尽管绘画中描绘圣餐受《圣经》和传说的制约，不一定完全照搬现实，但当时的实际生活可能也与之相差无几，一直到中世纪，欧洲人都吃得非常简单。其实不要说欧洲，中国也是如此，看看《韩熙载夜宴图》（见彩图1）就可知道，上流社会的饮食也比较简朴。古代的所谓“花天酒地”“酒池肉林”，其实并没有几道菜，与后世人们的想象是有很大出入的。

这实际上牵涉到一个学术界瞩目的问题，即“传统”到底指多久。英国历史学家E. 霍布斯鲍姆和曼彻斯特大学的T. 兰格曾写过一本名为《传统的发明》[1]的书。作者在绪论中指出，许多英国的所谓传统，往往被认为年代久远，其实究其起源，历史很短，而且不少还是人为制造出来的。

《传统的发明》一书最初刊登在历史杂志上，后作为单行本出版，对学界影响很大。《传统的发明》中探讨的“传统”大多为仪式，其实衣食住行的许多“传统”也不一定历史悠久。笔者印象最深刻的是日本的“惠方卷”。这是一种寿司卷，大概有十几厘米长，起源于大阪，据说立春前一天的“节分”吃了会有好运。日本的年轻人也许认为这是“传统食品”，其实这是人为制造出来的习俗。笔者目睹了这种食品是如何进入市民生活的。就在十几年前，在东京连“惠方卷”这个词都没人听说过。世纪交替时，7-11便利店最先在日本全国范围内出售它。进入21世纪后，一部分超市也开始于2月初推出。

[1]此书中文版的信息：《传统的发明》，[英]霍布斯鲍姆（Hobsbawm，E.）、[英]兰格（Ranger，T.）著，顾杭、庞冠群译，南京：译林出版社2004年版。

但最初买的人并不多，后来超市每年到立春前就大肆宣传，现在东京一带也相当普及了。这是个很好的例子，要炮制一个“文化传统”，甚至不需要10年时间。

图 0-3　惠方卷

本书的探讨，从这个意义上来说，也是厘清饮食“传统”的一种尝试。不过，就像笔者在“文库本后言”中所述，本书的目的并不是追随霍布斯鲍姆对“传统”的质疑。说实话，在撰写本书时，笔者孤陋寡闻，还没读过《传统的发明》。本书撰写的意图很简单明了，只不过是对“有几千年历史”这种说法产生了朴素的疑问而已。当然，其结果成了探讨“传统能持续多久”的文化研究课题，这是笔者始料未及的。

本书原版最初刊于1997年9月。2013年6月又以文库本形式再版。在此期间，中国饮食文化研究取得了较大进展，也有了一些新的发现。趁这次中文版出版之际，笔者增删了若干文字。凡有和底本不同之处，均为笔者之润色，其责任当然也由笔者全面承担。

中文版的序言，本无意写得很长，不料下笔之时，就好像和熟人聊家常一样，有点一发不可收之感，但无论如何也必须就此打住了。唠叨之处，敬请见谅。如果读者能喜欢本书，笔者就更高兴了。

张竞

2018年11月8日

于东京寓所

序章

变化中的中国味觉

◇ 究竟有没有“中华料理”？

在日本，无论是电视上的烹饪节目、饮食杂志上的报道，还是烹饪书上的介绍，一说起中国菜，都少不了“中华料理有着洋洋五千年的历史”这句台词。然而，5 000年前的中国人吃的和今天的中国菜肴是否相同？“五千年历史”的真实内涵是什么？对此有基本了解的人并不多。

阅读中国的典籍，当然不会发现有古代中国人吃“糖醋咕咾肉”“茄汁虾仁”“青椒肉丝”[1]的记载。《左传》《史记》里，自然不会有餐桌上出现“饺子”“面条”的记述。其实，今日中华料理

[1]这几种菜是日本的中华料理餐馆里经常出现的菜。——译者注

中的几道名菜，在宋代之前是不见踪影的。只是到了宋代以后，才逐渐出现一些现在也在食用的菜肴。而中华料理恰如今天那样普及、一般老百姓也能品尝的状况是出现在宋代之后，经历了很长时间才发生的事。

毋庸赘言，中国饮食文化的历史十分悠久。但正如文化不可能是恒久不变的，菜肴也不例外。在众多民族共同生活、不同文化剧烈地交错冲突的中国，文化的变化幅度更大、速度更快。中国王朝更替频繁，各个时代占据支配地位的民族各不相同。每当这样的变动兴起之时，周边民族与汉民族之间就会反复发生文化的扩散与吸收，人们的生活模式就会随之发生变化，连带着烹调方式、口味等饮食文化也会发生各种变化。

日本社会中所用的“中华料理”一词究竟是指什么？在中国，一般有“川菜”“粤菜”“鲁菜”等说法，但很少人会将其统称为“中华料理”。在与西餐、日本料理相提并论时，我们也用到“中国菜”这样的说法，但地区不同，这一词所对应的印象也大不相同。除非是饮食方面的专家，否则各地的人也只是对本地的菜肴有一个大概了解而已。

现在，在日本，人们印象中的中华料理大致可分为上、中、下三个层次。“上”档菜就是高级中华料理，人们会想到鱼翅、燕窝、烤乳猪、北京烤鸭、鲍鱼等名菜；而“中”档菜就是可以点菜专做的料理店菜单上出现的菜肴，比较有代表性的就是茄汁虾仁、青椒炒牛肉、凉拌海蜇头、皮蛋等。“下”档菜则是街道各个角落里的中国料理大众饮食店的菜单上出现的菜肴，有麻婆豆腐、猪肝炒韭菜等大路菜，以及拉面、饺子、烧卖、馄饨、春卷等点心类食品。

◇ 现代菜肴并未传承多少传统

若要细究上面提到的这些菜肴的历史究竟有多长，拉面、春卷等又如何来定义，这些问题本书后面会详细讨论。就烹饪方法来说，这些食品的历史都没有超过400年。比如“鱼翅”一词，早在1596年前后刻印的《本草纲目》里已有记载，但详细的烹饪方法，则是到了清初，在经学家朱彝尊（1629—1709）所著的《食宪鸿秘》里才有相关的记录。出现这样的时间差，可能和鱼翅的产地有关。中国本地不出产鱼翅，历来都是从日本或东南亚进口的。只有远洋贸易发达后，才有可能做到定期、批量的采购。

乾隆三十年（1765）的《本草纲目拾遗》、袁枚（1716—1798）的《随园食单》里多次提到鱼翅，其中甚至有几处嘲笑其错误的烹饪方法的地方。由此可以推测，鱼翅在当时并非广为知晓的食物。

现在，一般人习惯把燕窝、鱼翅放在一起说，而实际上，这两种菜肴出现的时间相差甚远。元代的烹饪书里出现过燕窝、海参，却没有提到鱼翅。鱼翅一菜，在南方也许还可以上溯若干年代，而在全国范围内流行起来的时间，大约可以推断是清代之后。

提到全球闻名的北京烤鸭，它的起源也有各种说法。比较有根据的说法应该是，明代由南京传至北京的做法是北京烤鸭的原型。而现在这样的北京烤鸭的做法，不过百来年的历史而已（张劲松等，1988）。

日本的中华料理，比较知名的多半是四川料理。四川菜，辣味是一个卖点，而辣椒传到中国已是17世纪的明末。至于食用辣椒的种

图0-4 川菜

植，那就更晚了，约莫是18世纪初期（周达生，1989）。也就是说，以辣著称的四川菜的历史未超过400年。而那以前的四川菜里，花椒是用的，辣椒则还无踪影。

四川特产的“榨菜”，蜀国的刘备、诸葛亮当然未曾品尝过，连四川出身的美食家苏东坡也肯定闻所未闻。

麻婆豆腐是道名菜，即使在日本也是家喻户晓。但据传这道菜是近代由陈姓老婆婆发明的。按此说法，麻婆豆腐的历史最多也就百来年。

可见舌尖也是个大舞台，你方唱罢我登场。

譬如有关皮蛋的记述，是300多年前、明末的戴羲所著的《养余月令》中最初出现的，历史也并不十分悠久。

火腿是汤菜中不可缺少的原料。多种汤均以火腿为原材料，以使汤的味道更为鲜美浓郁。但火腿的历史渊源也只能上溯到宋代，杨贵妃肯定未曾品尝过以火腿为原材料的汤。

很多历史悠久的古老食材，原本并不是中国产的。芝麻油是中华料理中不可缺少的材料，而芝麻据传是汉代的张骞从西域带回来的。最近，有研究认为在云南、贵州等地有原产的芝麻（李璠，1984），但从汉代的东西交通条件看，芝麻与其说是从中国南方，毋宁说是由西域传来的可能性更大。

由张骞等出使西域的使节们带回中国的黄瓜、大蒜、香菜、豌豆等都是中国菜不可或缺的食材、作料。另外，冷盘中用来配色的胡萝卜也是宋元时期由西域传来的，菠菜则是7世纪中期从尼泊尔传入的。而要说到茄汁的原材料番茄，则食用的历史更短了。

◇ 主食也在不断变化

漫长的历史中，很少有一种民族、地区的菜肴，像中国菜那样变化的幅度如此之大。不断地会有一些菜肴逐渐消失，也会有一些新的、替代的菜肴出现。历代文献中经常会有一些菜肴仅留下了名字，所用的食材、烹饪方法都已失传。

不仅烹饪方法，主食的变迁也很大。就在20世纪70年代，中国北方的部分地区还以玉米为主食。关于玉米的传入有很多说法，就其种植的历史而言，一般都认为在400年左右（周达生，1989）。玉米传入之初主要是当作植物观赏的，明代中期开始作为粮食作物而受到重视。起因是自然灾害。连年的荒年，农业遭受很大打击。在这样的情况下，气候适应性强、对土质要求不高的玉米就成为荒年最佳的主食了。

之后由于管理简单、单位产量高，玉米被大量种植，至明末已成为中国很多地区的主要作物之一。清代以后扩展到东北地区，一跃成为全国产量第三位的粮食作物。近代中国的北方，玉米成为主食之一，主要的原因就在于此（闵宗殿等，1991）。附带提一下，在日本，是1579年由葡萄牙人将玉米带到长崎的，但当作作物来种植是明治以后，才在北海道开始的。

20世纪80年代以后，情况又发生了很大变化。有报道称，受到经济开放的影响，原来以玉米作为主食的地区大都改种小麦，玉米由主食的地位跌落到饲料的地位。

与玉米相比较，小麦作为主食的历史要长久得多。特别是磨成粉后食用的加工技术确立之后，小麦占据了中国北方地区主食的位置，长期以来，其地位未受到威胁。但由于最近几年经济的快速发展，小麦的王者地位开始动摇。现在，北方的城市地区，大米开始取代小麦，主食中食用大米的比例年年在增长。

中国饮食文化的历史有几个大的转型期。在这样的转型期，食物和饮食习惯的面貌明显改变，从食材到烹饪方法迅速变化。变化的原因各个时代有所不同，大致来看，主要可以归纳为生产力的提高、与西域的交往、外来民族的统治或是新的调味品的发明等。菜肴虽然是民族文化的颜面，但即便是激进的文化民族主义者，也不会拒绝外来的食物。现实中很少有人只吃传统的菜肴，而绝对不碰来自异域的菜肴。纵观历史，淘汰的总是乏味的食物，而留下的总是美味佳肴。无论食材、调味法、烹饪方法出自何处，只要能使菜肴鲜美，就会不断地引进。从这种意义上说，中国菜是吸收了许多不同民族饮食文化的混合物。也是因为这样，世界上几乎所有国家都有中餐馆。中国菜被世界上几乎所有的国家所接受。谁都能接受这样的饮食文化，其中的缘由可能就是中国菜的这种混合性。

◇ 中国菜系的嬗变

1994年8月，笔者为进行一项调查，时隔九年半回到了故乡上海。同行的有几位是日本人。作为半个地陪，笔者自以为不仅是在采访活动中，而且在交通的引导、故乡知名餐厅或菜肴的介绍等活动中，多少是可以起一点作用的。但从下飞机的瞬间开始，笔者感觉自己如同刘姥姥进了大观园。当时，机场大厅里正在举行一场汽车展；机场的出口处，几乎被饭店派来招揽客人的司机塞满；好不容易叫到一辆出租车，上车后突然听到“先生”的称呼，在感受到时代变化的冲击的同时，也有几分扬扬得意。回想起那个互称“同志”的时代，真是感慨万千。

更令人吃惊的是第二天的餐桌。自以为是本地人，熟门熟路，进了餐馆，打开菜单一看，却一头雾水：“东江盐焗鸡”“西柠煎软鸡”“菜胆四珍煲”“白灼基围虾”——从字面上看，一点也搞不懂究竟是些什么菜。这让我想起来上海之前，在美国的华人街，误进了一家越南菜馆，同样是汉字写的菜单，也是让笔者一头雾水。没想到在自己的故乡，居然也遭遇此境。原本了解的中国菜，早已不见踪影了。

谈及菜肴，笔者不仅喜欢吃，也喜欢做。到日本前，笔者每晚都自己下厨。即便现在，偶尔也进厨房。蒸甲鱼、炒田鸡、包粽子等，内人不会的菜，就由我来做。因而说到料理，多少有点自信。提到中国菜，闭上眼睛也能说出二三十种，自以为中国菜很少有不知道的。

如同日本的中华料理餐馆，菜单上一定有茄汁虾仁、青椒炒牛肉、糖醋咕咾肉、猪肝炒韭菜等几个看家的菜肴。说到“中国菜”，多数人都有一个基本的印象：虾仁炒蛋、蚝油牛肉、炒黄鳝、青椒肉片、糖醋鱼片等是菜单上肯定有的。

家庭里吃的中国菜基本是四种：冷盘、热炒、大菜、汤。通常先上冷盘，诸如凉拌海蜇、白斩鸡、挂炉烤鸭、五香熏鱼等。热炒则有炒虾仁、炒牛肉、炒猪肉、炒鱼片等，依据切法与炒法的不同，还可以细分为十几种。而大菜主要是将食材整个烧煮的菜肴，如炖鸡、炖鸭，或是四五十厘米长的红烧整鱼、红烧蹄膀等。最后是汤菜，比较典型的是鸡汤或肉汤里加鱼丸、肉丸、白菜、菠菜、粉丝等做成的什锦汤。一般在热炒的几道菜中间，还要上一两道点心。春节等节日里或接待重要客人时，会有备齐上述四种菜肴的盛宴；平时，有一两道炒菜或一道大菜出现，孩子们就会欣喜若狂了。

上餐馆的话，种类更多，但菜肴的基本类型和烹饪方法与上述的大致相同。笔者年轻时只从上一辈人那里听说过鱼翅、燕窝、熊掌。那个时代，海参炒蘑菇、炒香菇就算是顶级的菜肴了，其他珍品不要说吃了，就连见也没有见过。笔者到日本之前，没有尝过鱼翅的味道。一般人去的地方，虽然也是餐馆，但不会出现家里吃不到的高级菜肴。就是过年时，每户人家餐桌上出现的菜品，也只是味道和摆盘上会比较讲究。

上述那些情景，大致是20世纪五六十年代以前出生的人对中国菜的印象。即便是在“什么都吃”的广东，也没有太大的差异。翻一翻“文化大革命”前出版的广东菜食谱，就可以知道虽然材料上有蛇、猫等别的地方不用的食材，烹饪方式却与别的地区并无什么差别。

这些我们熟知的“中国菜”到底是什么时候形成的？翻阅历代的烹饪书，《调鼎集》里所列举的菜肴，与20世纪的“中国菜”最接近，连“冷盘”“热炒”“点心”等用词也与近代以后的用词一致。不过《调鼎集》的编撰年代不太清楚，一般认为此书收集了乾隆年间至清末的大量菜谱。同样是乾隆年间编撰的袁枚的《随园食单》，内容没有《调鼎集》那样详细，但所提到的烹饪方式与近代的菜肴非常接近，在这点上两本书是相同的。明代的烹饪书不多，无从比较，仅从《居家必用事类全集》看，元代的中国菜与近代的有明显的区别。这本书上记录的菜肴现在已不大食用。令人惊讶的是，近代菜肴中主要的烹饪方法之一“炒”在书中只出现了一次。从这样的情况看，你我熟悉的中国菜，可能产生于明代以后。当然，明代以后变化仍然在持续，特别是酱油的大量生产成为可能以后，酱油代替酱成为调味品的主角，是相当值得注意的变化。

◇ 香港饮食文化的“北上”

20世纪70年代末，中国实行经济开放政策后，香港菜肴大举进入内地。从那时开始，中国人的饮食生活发生了很大变化。以前的几种基本菜肴，都从餐馆的菜单上消失了，取而代之，新的菜肴不断出现。即便是用同样的材料、同样的调味品做的菜，味道、外观也与过去有很大不同，香港菜开始在内地流行起来。比如，广东菜“白云猪手”的“猪手”，用的材料不过猪蹄而已。以往这样的菜，是一定要用酱油的，而这种新的菜肴用的却是盐、砂糖、醋。当然，这样的菜名以前在广东以外的地区是见不到的。

更有意思的是烹饪方法的变化。以往的烹饪方法主要有“炒”“爆”“炸”“煎”“煮”“蒸”等，其中“炒”是主要的方法。而现在炒的菜大幅度减少，代之以以前未曾见过的汉字所表达的新的烹饪方法。“煲”“焗”“灼”“炆”“焗”，几乎都是新造的词，有些甚至是新造的汉字。当然，其词源都来自广东话。不仅是烹饪方法，材料、调味品的说法也多为广东方言。比如，“豆挺”是豆芽的茎，“甘笋”是胡萝卜，“绍菜”是白菜，“带子”是新鲜的贝类，“西冷”是牛的里脊肉。调味品中，“生抽”是味比较淡的酱油，“老抽”是味比较重的酱油，这样的说法看到实物还比较容易理解，而“古月粉”就是胡椒的说法，即便是中国人，脑筋还要转一下才能理解。因此，像我前面说的那般，发生本地人读不懂菜单的事，也是不足为奇的。

即便是广东菜，也有“传统”的菜和新出现的菜。所谓新菜主要是中华人民共和国建立后，先前与内地在文化上相对隔绝的香港传来的菜式。香港文化与欧美文化有非常频繁的交往，另外，通过华侨商业圈与东南亚，也有各种人员和物资的交往。在这种文化交往的氛围中，香港菜肴经常会引进许多新的要素。最明

图0-5 广东菜

显的是西餐中的食材、酱汁以及东南亚的鱼酱等。

此外，菜肴的命名也与内地不同。香港地区的人为了讨吉利，经常取一些吉祥的菜名。如，“莲华仙境”（以豆腐制品为主要材料的素斋）、“四季如意”（四种蘑菇的炒菜），乍看菜单，经常让人猜不透是什么菜。至于“兴子旺孙暖锅”，看菜名就令人啼笑皆非。改革开放以后这样的香港菜作为新菜进入广东，而后转眼之间席卷全国。

不仅是正餐，以前不被重视的早餐也被香港早餐所同化。过去，到外面去用早餐，种类和费用都是既定的，无非是阳春面、馒头、大饼、豆浆、油条等，还有各种糕点。但现在不同了，直接从香港引进的“早茶文化”大受欢迎，吃法也和香港完全一样。进店后，先是服务生上来问喝哪种茶，茶上来后，盛着各种点心、小碟的小菜、小吃的推车就过来了，供客人自由选择。在改革开放前，即便是广东也几乎看不到这种饮食习惯。随着香港合资企业的增加，以及港澳物资的进口，早餐的餐桌转瞬间就被港式早茶所占领。

这种餐饮习惯的变化对内地的语言也产生了影响。接下来提到的事，也是1994年笔者回上海时发生的。某天早上，进了一家旅馆旁的餐馆，对服务生说，要点“早点”，对方一副无法理解的表情，隔了一会儿，带着点轻蔑的口气回问道：是“早茶”吗？

为了了解这种早餐的饮食习惯在内地普及到什么程度，笔者也到低收入阶层比较多的“下只角”去看了看，而那里也同样有提供“早茶”的餐馆。当然，并不是所有人都有这种习惯，但就是在“下只角”，这种“早茶”也是生意兴隆，可见港式的早茶习惯已经相当深入地渗透到上海的各个区域了。这样的现象不仅在上海，其他城市也是一样。

这样的变化不过是几十年前发生的事，仅需两三年的时间，中国人的饮食习惯就会大大地改变。特别是传媒发达的大城市，人们从电视、报纸杂志、书籍中了解到广东菜，并把它带到生活中来了。书店里介绍广东菜的书籍很多，发行数目也很大。原来在香港出版的《广东小炒》1991年在内地出版后增印了6次，发行量达135 800册，可见港式菜肴在当时内地的流行程度。

听在上海开餐馆的朋友说，继广东菜后，潮州菜也广受好评。同属广东省的潮州，其菜肴的来源可以说基本上与广东菜一样。听说后来四川菜也开始崭露头角了。不过，需要清醒地看到，各种餐饮热潮的发源地都在台湾、香港。在内地（大陆）一掷千金、奢侈饮食的香港、台湾的商业精英的味觉引导着这里的美食热潮，这一现象本身就意味深长。

◇ 海纳百川的中国人的肠胃

这些年，从欧美、日本进入的快餐也很大程度上改变了中国的饮食文化和中国人的味觉。麦当劳的第一家店就与预想的情况不同，不仅销售额直线上升，而且在很短时间内就进入了市民的生活。随后店铺不断增加，中国主要的大城市都陆续开设了连锁店。每家店都是顾客盈门，据说世界范围内销售额最高的连锁店就是中国的店铺。年轻人对于麦当劳的偏爱让人惊叹。

肯德基在中国开店也特别有象征意义。鸡肉是中国人最喜欢的食品之一，也算是高级食品之一。鸡汤作为滋补食品受到很多人的推崇。大规模的养鸡场出现以后，情况有些变化，但中国人喜欢鸡的习惯还是照旧。

肯德基在上海最繁华的南京路上开了第一家店以后，当地的饮食店感到了很大的商业竞争威胁。中国的鸡店不能输给美国，本地的饮食店在肯德基的对面开了一家中国鸡店，针对“肯德基”这样一个品牌，他们用的是“荣华鸡”这样的似乎有些历史的名号。

但是，中美的围绕鸡的饮食文化战结局令人意外。两家店不仅没有因竞争而倒台，反而都赢得了很好的销售额。“肯德基”因“荣华鸡”而闻名，“荣华鸡”因“肯德基”而传播。在各自庆贺之际，谁也没有意识到，快餐这种新的饮食形态开始扎根了。而且，与在欧美、日本的印象不同，肯德基最初在中国并没有产生“便宜货”的印象，就是招待亲戚朋友，也会到肯德基来用餐。恐怕再过20年，年轻的一代可能不会把麦当劳、肯德基当成外来食品了。

有位日本朋友说到一件意味深长的事。某天，他邀请了几位中国年轻人到家里做客。除了中国的点心，还准备了薯片、爆米花等几种日本小吃。但是，在场的中国年轻人都把手伸向那几种日本的小吃。他十分困惑：“中国的点心要好吃得多啊……”对年轻人来说，外来的食品就是对口味、好吃。如果了解了现代中国饮食生活变化的幅度之大、速度之快后，对这样的情况就不会有特别的惊奇了。

这样的剧烈变化也许就显示了中国菜的特征。在以往的历史中，吸收不同民族的饮食文化而形成的中国菜有着丰富的多样性。一般认为中国菜是比较油腻的，但历史上，中国料理也有口味非常清淡的菜肴。从这种意义上，可以说中国菜几乎没有一个定型。中国的饮食文化最大的特征就在这一点上。在天地变换、王朝更替、民族文化冲突与融合的历史中，无论是食材、烹饪方法，还是饮食礼仪，中国人的餐桌一直处于一种动态的变换之中。只是这种变化是缓缓发生的，人们不太注意而已。

从孔子的餐桌说起

春秋战国时代

1. 两千五百年前的主食

◇ 黍（黄米）：尊为待客上品

古代中国人吃些什么？且不说没有文字的时代，试想一下孔子（前551—前479）生活的那个时代会是怎样的呢？农耕技术迅速发展、学术繁荣的春秋时代（前770—前403），是中原文明形成的重要历史时期。中华文明的根基在那个时代形成，其文化的精髓为后代所继承。

历史上，后代的君王们视周王朝为正统，儒学家们则把春秋的政治当作样板。距今2 500余年前诞生的孔子，是那个时代典型的士大夫。从他的饮食中可以推测那时的中原地区饮食文化的大致模样。

据《论语·雍也第六》中的记载，孔子担任鲁国的司寇时，曾授予管理土地的弟子原思900斗的谷物，毫无私欲的原思不愿接受，便原封不动地退还了。

从这个故事中可以看出，派发谷物是当时支付生活费的一种普遍方式。在货币经济形成之前，世界各民族都曾把粮食作为支付手段，而其中大多是作为主食的谷物。稻米成为主食后，稻谷也自然而然地成了支付手段。但这里所说的谷物是什么呢？文中并没有写明。

《论语·微子第十八》中记载，有一天，孔子的弟子子路在旅途中遇到了一位隐者。隐者挽留子路住在他家，用鸡和黍米来宴请子路，这是当时招待贵客的佳肴，而黍在那时应是上等的食粮。汉字写作“黍”或“稷”的谷物其实种类不少，这里的“黍”指的是“黍米”，别名“黄米”，因为有黏性，通常用来煮饭。另一种没有黏性的“黍”则是酿酒的原料。

◇ 菽（豆）：身系庶民生死

孔子时代的粮食有稻、黍、粟、麦、豆等几个种类。豆是下层人的食物。《战国策》里记载了公元前311年—前296年间关于韩国的地方风俗人情（《韩策》）。韩国位于现今的山西、河南交界处，文中描述这一地区土地贫瘠，只能种麦、豆。百姓的食物基本上是豆饭和豆叶汤，如果这年收成不好，就有民众连酒糟和糠也吃不上的情况。这是孔子生活的时代之后一两百年的时期，主食的状况应该没有大的改变。换句话说，孔子的时代至少有一部分地区是以豆类为庶民的主食的。

《管子·重令》里，有“菽粟不足，末生不禁，民必有饥饿之色”（豆、小米收成不好，而商业交易活动不禁止，百姓就要挨饿了）的句子，从中可以得知“菽（豆）”是庶民的粮食。而在之后的《墨子·尚贤》里则有“是以菽粟多而民足乎食”（豆、小米收成好的话，百姓的粮食就足够了）的言辞。可见豆类或谷物获得丰收时，百姓的生活就不会有大的困难。在这里也是把豆类和谷物一起当作重要的粮食的。

《论语》中有用“五谷”来表示粮食的意思，但没有说清楚“五谷”指的是哪几种谷物。对此汉代时有两种解释。《周礼》中的“五谷”，郑玄将其注释为“麻、黍、稷、麦、豆”，而《孟子》中的“五谷”，赵歧则将其注释为“稻、黍、稷、麦、菽”。除将“麻（麻的果实）”改为“稻”，其他基本相同。“稷”有人认为是“粟”，有人则认为是“高粱”，如将粟、高粱算在内，则有六种或七种。

《论语·阳货第十七》中谈及“稻米”之处有“食夫稻，衣夫锦，于女安乎？”［（守孝期间）就吃白米饭、穿锦缎衣服，于心能安吗？］的句子，把稻米提升到与高级服装并列的地位，可见“稻米”在当时是比较奢侈的食物。考虑到孔子所居住的鲁国的地理、气候条件及农耕技术，大概不适合稻米的大量种植。不能种植大量稻米的地方，要把米作为主食恐怕是很难的。

◇ 粟（小米）：贵为上等主食

中原地区稻米是富人的食物，“豆”则是穷人的粮食，“麦”经常和“豆（菽）”一起被提及，也同样被视为比较粗的食物。于是，剩下的谷物就是“粟”、“稷”和“黍”。这三种谷物都是春秋时代比较富裕的人食用的。其中，“黍米”是最好的主食，为上流阶级所喜爱。曾为高级官吏的孔子也许是以“粟”和“黍米”为主食的。可能偶尔会吃一点“稻米”，但“稻米”不可能成为主食。前面提到的《论语》里出现的“谷物”，是用于支付士大夫的生活费的，多半是“粟”或“黍”。与“黍”并列，“粟”也是上等的粮食。

有记载证实，当时的贵族们是以“粟”为主食的。据《战国策·齐策》的记载，孟尝君的“后宫十妃，皆衣缟纻，食粱肉”（后宫的10个妃子，都穿着洁白的细布衣，吃上等的粮食和肉）。“粱”一词后来成了高级粮食的意思，原本指的就是上等的“粟”。孟尝君的领地是山东省薛县（在今山东省滕州市），2 000年前的农业技术还不能大量种植稻米。因此，这里说的“粱”也应该是“粟”。

“粟”或“黍”以现在煮米饭的方式来烧煮并不好吃。从古代的烹饪器具来判断，也许是煮了以后再用蒸笼蒸的。这样的煮饭方式一直到最近还是华北地区主要的煮饭方式，被称为“捞饭”。这种煮之后蒸的烧煮方法会使米中含有的维生素、蛋白质与煮完的汤一起流失，于健康不利。此类情况，笔者读中学时就在书中读到过，也听人谈到过。书籍中都在呼吁不要用这样的方法煮饭，可见在一部分地区这个方法仍颇为流行。如此的烧煮方法不仅麻烦，也完全不适合煮米饭。尽管这样，它在河北地区却还是代代相传。从这种情况中反而可以推论中原地区的主食从“粟”“黍米”向“稻米”转化的过程。主食变了，但烧煮方法依旧未变。

阅读春秋时代或稍晚一些时代的书籍，其中的记述有一点值得注意，就是依地域的不同，谷物的种类也相当多样且各不相同。这也许可以说明那个时代还没有出现现代意义上的主食。现在中国北方的主食是小麦粉，而南方的主食是稻米。在粮食生产很大程度上受气候条件的左右、生产规模小、产量不稳定的古代，很难像现在这样，在很大的区域内拥有同一种粮食作为主食。

另外，即使在同样的区域里，不同阶层的人作为主食的粮食也不同。在中国文明的发祥地中原地区，“粟”“黍”“稻米”是高级的粮食，只有贵族、官吏、豪商、士大夫才能食用。但在南方，“稻米”的普及程度也许要高一些。

2. 孔子餐桌上的菜肴

◇ 猪肉为肉食之首

春秋时代在菜肴中使用的食材种类很多。《周礼·天官》中出现了“六牲”这样的用词，指的是马、牛、羊、鸡、狗、猪六种家畜。在那个时代，餐桌上摆上肉的概率小之又小，主要是在君主的飨宴或祭祀上，作为祭祀或庆贺的食物才会摆放的。除此之外，那时候的野生动物和鱼类只能通过狩猎获得，只要能抓到，几乎都可提供食用。

《论语》中有“子在齐闻《韶》，三月不知肉味”的记载。这里的“肉”指的是什么肉呢？现代中国的“肉”一般指的是猪肉，古代也是这样称呼的吗？《论语·阳货第十七》中记载鲁国大夫阳货想见孔子，孔子佯称不在家，拒绝见他。阳货为使孔子为还礼而回访他，送了点猪肉给孔子（这样就可以见到孔子了）。另外，在《礼记·王制》中记载着“诸侯无故不杀牛，大夫无故不杀羊，士无故不杀犬豕，庶人无故不食珍”的规定。也就是说，当时的人若没有重大的祭祀或庆典，是不太吃肉的，只有在祭祀或贵客到访时，才有可能出现“大鱼大肉”的场景。

考虑到当时的饲养技术的限制等因素，春秋时代的人若吃肉，多半以猪肉为主，虽然也会吃狗肉，但概率应该比猪肉低。也可能因个人的偏好而不吃狗肉。例如《礼记·檀弓下》记载，孔子养的狗死了，他叫他的弟子子贡掩埋了。

一直到六朝，中国很多地区吃狗肉并非一种禁忌。也许孔子因对自己养的狗日久生情，不忍心吃它。既然把狗当作宠物来饲养了，与猪相比，狗应该不是日常食用的“肉”。孔子的言论中没有明确说明的“肉”，指的应该也是猪肉。

◇ 鱼的种类五花八门

《论语》中几乎没有出现鱼，只有一篇很有名的孔子对食物的议论中提到了鱼：“食不厌精，脍不厌细。食饐而餲，鱼馁而肉败，不食；色恶，不食；臭恶，不食；失饪，不食；不时，不食；割不正，不食；不得其酱，不食。”（粮食以精白的为好，肉切得越细越好。粮食霉烂发臭，鱼腐败发臭，不吃；食物颜色难看，不吃；气味难闻，不吃；烹饪不当，不吃；不到该食物的季节，不吃；肉切割得不适当，不吃；没有合适的调味酱料，不吃。）这里也没有明确说是什么鱼。

孔子生活的时代或者在此之前的时代，人们食用什么样的鱼，在《诗经》中可窥见一斑。比如《周颂》中有首名为“潜”的诗：

猗与漆沮，潜有多鱼。
有鳣有鲔，鲦鲿鰋鲤。
以享以祀，以介景福。
（啊，漆水和沮水！捕鱼架里鱼群云集。有鳣和鲔，又有鲦、鲿、鰋、鲤。用以祭祀神明，祈求洪福。）

这首诗里，出现了鳣、鲔、鲦、鲿、鰋、鲤六种鱼的名称。“鲔”不是日语中用此汉字所指的金枪鱼，而是淡水鲟鱼（学名sturgeon）。“鳣”是肉呈黄色、无鳞的鱼，大的长达6～9米，是鲟鱼的一种。“鲦”指的是鱲，俗称斑鱼、桃花鱼。“鲿”指的是老虎鱼。“鰋”是现代汉语中的鲇鱼。在《诗经·陈风》中出现的“鲂”是现代汉语中的鳊鱼，是一种体型扁平的淡水鱼，肉质细嫩，异常美味，现在在中国各地的水产市场上也经常可以看到。《小雅·鱼丽》中的“鳢”指的是雷鱼（也有说法是指七鳃鳗或鳝鱼）。《豳风·九罭》中的“鳟”指的是鳟鱼。《小雅·鱼丽》中的“鲨”指的是鮈鱼。《小雅·采绿》中的“鲂”指的是鲢鱼。在《小雅·六月》中还出现了不是鱼类的鳖。另外，在《庄子·外物》中记载了鲫鱼。

由此可见，《诗经》中出现的鱼全部是淡水鱼，而且多集中在黄河流域。其中鲤鱼、鲢鱼、雷鱼、鲫鱼是现代中国很多地区都在食用的鱼。但另外七种鱼，除了在部分地区以外，都不是日常食用的鱼了。

为何有些鱼会从餐桌上消失？这和黄土高原的水土流失有间接关系。黄土高原的地质本来就容易受到雨水的侵蚀，有人认为，制铁技术发达后，大量消耗木炭，造成森林被滥伐，加速了水土流失，使得黄土高原以及下游的渭河平原等地区深受其害。一些河流、湖泊甚至因此消失。某些淡水鱼从餐桌上消失的原因或与此有关。

现代中国常见的淡水鱼青鱼、草鱼、鲫鱼、鲤鱼中，青鱼和草鱼没有在《诗经》中出现。这些鱼现在大都在长江流域出产，在没有相应运输手段的古代，食用这些鱼的主要是南方人，这也许就是《诗经》中没有出现它们的原因。

在大规模养殖技术还没有确立的古代，同一民族并非就能吃到同一种鱼，除了鲤鱼这种生存范围比较广的鱼。近代以来，随着远洋捕鱼业的发展，过去没有吃过的海鱼也在餐桌上出现了，其中不少成为日常经常吃的鱼。但在孔子时代，由于捕捞技术的局限性，内陆地区的人大都吃不到海鱼。现代中国家庭中最常见的海鱼，比如带鱼、黄鱼、鲳鱼等在当时还完全不为人所知，也没有文献记载。

现代中国的菜肴中，虾是不可缺少的食材。家宴上最佳菜肴的前三位是黄鳝、甲鱼、大闸蟹。但在古代文献中只出现了甲鱼，当时也是相当名贵的佳肴。《左传》中记载了这样的故事：“楚人献鼋于郑灵公。公子宋与子家将见。子公之食指动，以示子家，曰：'他日我如此，必尝异味。'"（楚国人献给郑灵公一只大甲鱼。公子宋和子家正要去觐见郑灵公。上殿时，公子宋的食指忽然自己动了起来，就让子家看，说："遇到这种情况，一定可以尝到美味。"）这就是"食指大动"这一成语的由来。从这个故事看，即使是贵族，鳖也不是日常能吃到的食物。

甲鱼的食用习惯，因地区不同而异。民国领导人廖仲恺之长子廖承志，曾向访华的日本作家披露过一则鲜为人知的逸事。1936年，中国共产党领导的中国工农红军进入延安时，延河的两岸到处是甲鱼。问了当地人才知道，延安（北方人）没有食用甲鱼的习惯。饥肠辘辘的红军官兵趁机大快朵颐。前面《左传》记叙的是楚国（南方人）的故事。这个传说说明，即使到了近代中国，也不是所有地方的人都吃甲鱼的。

与鱼相比，古籍中肉的出现次数很频繁，且多用来比喻宴会上的佳肴。《战国策·齐策》中记载，贤明的君主齐宣王想用颜斶为谋士，就劝说他："颜先生与寡人游，食必太牢，出必乘车，妻子衣服丽都。""太牢"原指祭祀时的供奉物品，指牛、羊、猪等肉类菜肴，这里用作豪华宴会的比喻，从中可见，当时最高级和最好吃的菜肴都是肉类。

◇ 蔬菜名称生僻古怪

关于蔬菜的食用，《论语》中几乎没有记载。而从《诗经》中来看，至少有20种蔬菜是被食用的。主要有豆叶（原文为“藿”，见《小雅·白驹》），芹（原文为“芹”，见《小雅·菜菽》），莼菜（原文为“茆”，见《鲁颂·泮水》），蕨菜（原文为“蕨”，见《召南·草虫》），紫萁（原文为“薇”，见《召南·草虫》），韭菜（原文为“韭”，见《豳风·七月》），葵菜（原文为“葵”，见《豳风·七月》），瓠子（原文为“瓠”，见《小雅·南有嘉鱼》），蔓菁（原文为“葑”，见《邶风·谷风》），萝卜（原文为“菲”，见《邶风·谷风》），荠菜（原文为“荠”，见《邶风·谷风》），苦菜（原文为“荼”，见《邶风·谷风》），白艾草（原文为“蘩”，见《召南·采蘩》），花莼菜（原文为“荇菜”，见《周南·关雎》），车前草（原文为“芣苢”，见《周南·芣苢》），卷耳草（原文为“卷耳”，见《周南·卷耳》），葫芦菜（原文为“瓠叶”，见《小雅·瓠叶》），蓬蒿（原文为“莪”，见《小雅·蓼莪》），四叶萍（原文为“苹”，见《召南·采苹》）。

上面的这些蔬菜，有现在还在吃的蔬菜，也有形态改变后留存在现代饮食生活中的蔬菜。芹菜、韭菜、萝卜、荠菜、葫芦、蓬蒿菜等直到今天，仍然经常能在百姓的餐桌上看到。在杭州一带，直到现在仍在食用莼菜，但莼菜最大的消费地为日本。现在，豆苗成了比较高级的蔬菜，也许与食用“藿”（即豆叶）的习惯有关。只是这些蔬菜的名称全都改变了，比如“莪”变成了“茼蒿”或者“蓬蒿”，“菲”变成了“萝卜”。现在还能在意思上相通的蔬菜名只有芹、韭、荠等几种，除此之外，现在与古时的说法都无法相通了。

表1-1 《诗经》中出现的蔬菜

种类	原文	出处
豆叶	藿（音同“或”）	《小雅·白驹》
芹	芹	《小雅·采菽》
莼菜	茆（音同“卯”）	《鲁颂·泮水》
蕨菜	蕨（音同“觉”）	《召南·草虫》
紫萁	薇	《召南·草虫》
韭菜	韭	《豳风·七月》
葵菜	葵	《豳风·七月》
瓠子	瓠（音同“弧”）	《小雅·南有嘉鱼》
蔓菁	葑（音同“封”）	《邶风·谷风》
萝卜	菲	《邶风·谷风》
苦菜	荼	《邶风·谷风》
白艾草	蘩（音同“凡”）	《召南·采蘩》
荠菜	荠	《邶风·谷风》
花莼菜	荇（音同“杏”）菜	《周南·关雎》
车前草	芣苢（音同“弗以”）	《周南·芣苢》
卷耳草	卷耳	《周南·卷耳》
葫芦菜	瓠叶	《小雅·瓠叶》
蓬蒿	莪（音同“鹅”）	《小雅·蓼莪》
四叶萍	苹	《召南·采苹》

有不少的蔬菜现在已不再吃了。前面举出的近20种蔬菜中，一半以上现在已经不吃了。紫萁和蕨菜在日本作为山里采摘的野菜时常为人们所食用，而在中国，大多数地区已经不吃了。

现在种植得最多、在百姓生活中不可缺少的白菜、青菜、卷心菜、菠菜，在当时还没有出现。

3. 受时代限制的烹饪方法

◇ “生肉为脍”常现餐桌

菜肴依据烹饪方法的不同，其食材的外形、味道会完全不同。那么，同样的食材，孔子时代的人们又是如何烹调食用的呢？

如前所述，《论语》中有“食不厌精，脍不厌细”的说法。正如《汉书·东方朔传》中的“生肉为脍”的说法，脍就是将鱼或肉切细后蘸醋食用的菜肴，这与日本的刺身的吃法相同，是生吃的食物。

现代中国，除了极少一部分地区，基本上不吃生鱼和生肉。正式的中餐里没有生食的菜肴。（北京、上海等大城市的日本料理店中刺身开始流行，只是20世纪90年代以后才出现的新现象。）但春秋时代生食是十分平常的事，孔子也喜欢吃生肉片（脍）。《礼记》中记载，“脍”的调味品，春天用葱，秋天用芥末。吃生鹿肉则要用酱调味。

为什么要生吃？现代人美味佳肴吃多了，于是绞尽脑汁，变着花样吃。红烧、水煮、清蒸、油炸、熏制、串烤都吃腻了，便会觉得刺身很鲜猛。但站在古人的立场上想，看法就会发生一百八十度的变化。

在铁器发明之前，烧饭烧菜是件麻烦事。锅碗瓢盆都是陶器，除了煮、蒸以外，别无选择。最大的问题是陶器传热性不好，加热很费时间。在农忙期或战时，根本不可能有此雅兴。

肉也好，鱼也好，切细生吃简单可行，开始时是不得已而为之，长久了就会习惯，也会想出各种吃法。铁器普及后，中国的生吃文化迅速消失。这一现象从侧面说明，生吃习惯是受了餐具限制的影响，乃不得已而为之。

吃生肉片的习惯在中国现在已经失传了，在日本却保留了下来。现代日本人不仅吃生鱼片，连牛肉、马肉、鸡肉都切成薄片蘸酱油而食。此外，阿拉斯加的因纽特人至今仍保持吃生鹿肉的习惯。

图1-1 生鱼片

日本吃“脍”的历史非常悠久，但吃刺身是始于江户时代，据说起始于“渔民料理”。海上捕鱼时无法生火炒菜，抓上来的鱼只能剖而食之。比较可信的说法是，酱油在江户时代开始大量生产，蘸着酱油吃生鱼片美味可口，于是这道菜一发而不可收，王公贵族、下里巴人都趋之若鹜。因纽特人吃生鹿肉的习惯，应该也是狩猎时受烹调器具限制而形成的。

◇ 古代烹饪法之滥觞

中国最古老的烹饪方法之一是“煮”，最古老的菜肴是“汤”。肉，不管什么样的肉，大都是煮透后炖成汤喝。其实，早在孔子时代之前的殷商时代（前1600—前1046），煮就是主要的烹饪方法了。

煮这种烹饪方法时间长度相差很大，同样是煮，是稍微煮一下，还是花长时间煮透，做出来的菜肴区别很大。做肉菜，煮后取肉汁食用，还是把肉先切细，然后与汤汁一起食用，吃法不同就是不同的菜肴了。殷商时代，一直到春秋时代，菜肴的主要烹饪方法是煮成汤或羹的方式。

即使是汤和羹，也有各种类别，有以肉为主做的汤，也有只用蔬菜做的。《礼记·内则》中记载："羹食，自诸侯以下至于庶人无等。"表明汤或羹这种菜肴从统治者到老百姓，广泛为人们所食用，并没有什么身份上的差别。

另一种"蒸"的做法，与煮一起被广泛运用在烹饪上。在王公贵族的家里，用"鼎"作为烹饪器具煮肉，再将肉放入底部开小孔的叫作"甑"的炊具里，最后放在"釜"或"鬲"上面蒸（见彩图2、彩图3）。

做鱼或肉的菜肴时，经常用"烤"这样的烹饪方法。烤的方法分成"炮""燔""炙"等。炮是将肉涂上泥巴后烤。燔就是烤。炙则是直接在火上烤。在古代，这些烤法可能各有讲究，可惜其操作细节都失传了。

对于当时大多数人来说，日常的菜肴还是汤菜居多。汤菜即使肉的用量很少，加上其他食材后也能做成一道菜。而烤的话，没有一定量的肉就没法烹调。另外，汤菜用腌制的肉也能做，烤则只能用新鲜的肉。王公贵族，又当别论。而对春秋时代的寻常人家来说，把肉做成汤菜来吃，是最为常用的方法。

虽然汤菜是当时一般人最常用的菜肴，但烹饪方法也有讲究。有只用肉或鱼制作的，也有在其中加入蔬菜的。不只是汤菜，在那个时代什么蔬菜与什么肉配合，在《礼记》中皆有详细记述。例如烹饪猪肉，春天配韭菜，秋天配蓼；配制调味品也有讲究，牛、羊、猪肉用花椒，其他的肉用梅子。还有，鹌鹑、鸡的汤菜里也可以加蓼。这些配料，有时不只是作为蔬菜使用，也作为调味品使用。从这些记述中可以推测，与主要食材搭配的烹饪方法在当时已经有了。这种烹饪方法也为后世所继承，现代中国菜中，主菜使用多种食材的情况很多。但春秋时代的人们吃的蔬菜与现代人食用的很不相同，因此孔子当时吃的菜肴的风味与现代中国菜的风味可能相差甚远。

往前追溯一点，大约在西周时代，鱼可能是煮着吃的。《诗经·桧风·匪风》中有这样的诗句："谁能亨鱼？溉之釜鬵。""亨"就是煮的意思，这句诗的意思是："有谁能煮好吃的鱼？先把锅子洗干净了。"含有要把鱼煮得好吃并不容易的意思。《小雅·六月》中有这样的诗句："饮御诸友，炰鳖脍鲤。""炰鳖"是裹起来烤的甲鱼。这个菜与脍鲤（生的鲤鱼肉）一起拿来招待贵宾。而现代中国的菜肴里，烹饪鱼类常用油煎或清蒸，煮汤的已不多见。但在日本料理中，迄今为止，煮鱼的料理还是很常见的。

此外，除了野外的露天餐饮或街头的大排档外，现在基本不用在火上直接烤的方法做鱼。不仅在餐厅，平常在家里也很少直接用火烤鱼吃。但是《国语·楚语上》里记载，作为祭祀供物，"士有豚犬之奠，庶人有鱼炙之荐"（士大夫阶级以猪、狗为祭品，平民则用烤鱼祭祀祖先及祭拜神灵）。一般来说，祭祀结束后供品就被众人分食了，因此可以推测，春秋战国时代烤是很普遍的烹饪鱼的方法。

◇ 凉拌菜与腌菜之由来

中国的制铁业始于何时还没有定论。铁制的农具在春秋时代已被制造出来了，但文献中没有提到有铁锅。当然，像现代才有的这种薄铁锅肯定还没有出现。孔子生活的春秋时代中期，人们还没有使用铁锅。用陶器或青铜器的锅子就能烧煮的汤菜，就成为当时主要的菜肴。

“炒”这种烹饪方法还没有出现时，蔬菜的烹饪方法是很有限的。很多蔬菜不适合蒸或烤，除了汤菜，主要的烹饪方法就是做成凉拌菜或腌菜。春秋时代的蔬菜食用方法，与之后的时代相比十分简朴。史书中常出现“菹”这个字，指的是醋渍或盐腌。

在当时，只用蔬菜做的菜肴为王公贵族所嫌弃，被视为穷人吃的食物。《韩非子·外储说左下》中有这样的记载：“孙叔敖相楚，栈车牝马，粝饼菜羹，枯鱼之膳……面有饥色，则良大夫也，其俭偪下。”（孙叔敖担任了楚国的宰相，但外出时乘坐的还是那种一般的士大夫搭乘的、用母马拉的车，吃的是粗糙的饭、蔬菜汤、干鱼之类……看起来一副受饥挨饿的样子。这样的人太俭省了，即便是个好的大臣，对下面的人来说也太过苛刻了。）作者对孙叔敖的举止并不推崇。可见，只有蔬菜的汤菜，在当时是很粗糙的菜肴。另外，在《论语》中，也将“菜羹”与“疏食”（即粗糙的饭食）相提并论。

4. 神享用的供品与人品尝的菜肴

◇ 清蒸全鸡溯源

中国菜与日本料理，在两个方面很不相同。其一是日本料理除了鱼，在烹调时不留下动物的原形；其二是日本料理不论正式场合，还是家庭烹饪，都不用家畜的头、脚、内脏。有个别神社在祭祀时用鹿头作为供品，但从整个日本料理来看，可以说是凤毛麟角，几可看作例外。绝大多数的日本人都不知道这些神社的祭祀习惯。

笔者在中国生活的时候，曾在家里招待过几位日本朋友，准备向他们介绍我最得意之作：蒸鸡。我一大早宰了不到六个月的童子鸡，将整只鸡放在锅里蒸。除了放入绍兴酒、生姜以及切细的葱和少许盐外，不放其他调味品。由于蒸的时候没有多余的水分，所以味道浓郁，肉质柔软。奇怪的是，几位日本朋友对这道菜完全不感兴趣，无论怎么推荐，他们都不动筷子。后来才知道，日本人不吃用整个动物制作的菜肴。要是看到整只鸡、鸭、兔或鸽子放在餐桌上，大多数日本人的反应都是拒绝的。不过只要看不出动物的原形，日本人就百无禁忌，什么都敢尝一口。

反观中国人的餐桌，从大饭店到一般人家里，几乎餐餐可见整只动物原形制作的料理。猪蹄一般是整只红烧的，蒸整鸡或蒸整只甲鱼都是很常见的菜肴。著名的北京烤鸭，在让客人品尝美味之前，先将烤好的鸭子放上餐桌，让食客观赏鸭子烤的程度，待客人看得心满意足后，才开始一片片地将肉削下来。在日本基本看不到这种饮食方法。在日本，若吃烤鸭，准备工作一定全部在厨房里完成，端上餐桌时，鸭子的形状已经完全不见了。有的店还将鸭肉在饼里包好后再端上来。在中国，不仅是北京烤鸭，烤乳猪也是将皮和肉切开，切成长方形，放回到背脊和肋骨上，再端上餐桌的。

图1-2　北京烤鸭

江苏省镇江市有一道叫作“酱烧猪头”的名菜，是在《随园食单》中就出现过的、非常有历史渊源的菜肴。这道菜先是将猪头中的骨头取出，切成三到四块烧煮。菜肴烧好后，放入餐盘时，要还原原本猪头的形状，再端上餐桌。

◇　“供奉”与“食用”之间

中国菜还有一个很大的特色，就是用到很多动物的内脏。肝、肾（腰子）、肺、心、胃、肠等都做进菜肴里。另外，猪、鸡、鸭的血都是体面的食材。日本与中国在文化上虽然相近，但为何在食文化上有如此不同？理由可以列出很多，一个说法就是与祭祀的规矩有关。

日本人在祭祀时，基本上不使用肉类。日本的佛教在祭祀时供奉五种物品：米饭、煮菜、豆类（或凉拌菜）、香味作料、清汤，当然全是素食。神道教的祭祀一般是七种供品：米、盐、水、酒、时令蔬菜、时令水果、有头和尾的鱼（大多是干鱿鱼）。此外，根据季节，可添加年糕或点心。不管佛教、神道教，都没有用肉类，也根本没有想到烹饪整只的家禽或家畜作为供物。除海产品外，日本人排斥对整只动物的烹饪，也不吃家禽或家畜的内脏、脚、头。我想这种心理与祭祀的习惯是相通的。日本料理中，有整条鱼做好后完整地端上餐桌的菜肴，是因为在祭祀供品中也有烹调好的整条鱼。不丢弃鱼的内脏也许是同样的理由。

中国的饮食习惯也与祭祀惯例有密切关系。古代祭祀天、地、祖先时，都供奉做好的菜肴。佛教传入之前，有祭祀神灵用“六牲”（即供奉六种禽畜）的习惯。另外，祭祀死者时也供奉菜肴。

据《礼记·郊特牲》的记载，祭祀天的仪式上供奉牲畜的血，祭祀祖先的仪式“大飨”上供奉生的肉，祭祀土地神（社）和五谷神（稷）的“三献”仪式上供奉半熟的肉，祭祀其他诸神的“一献”仪式上供奉的是与平时人们的食物相同、烧煮充分的肉。

另外，还记载着古人把牲畜的头、心、肺、肝脏作为供品的情况。为何用这样的物品做供品，《礼记·郊特牲》中这样记述：“首也者，直也。”［祭祀用（动物的）头，因为它代表整体。］“血祭，盛气也。祭肺肝心，贵气主也。”（祭祀动物的血，是尊重生命力旺盛。祭祀动物的肺、肝、心，是尊重生命力的根源部分。）《礼记》虽是汉代编纂的读物，但收录的内容多为先秦时代的。

而《国语·楚语下》中也有以下的记载：“天子举以大牢，祀以会；诸侯举以特牛，祀以太牢；卿举以少牢，祀以特牛；大夫举以特牲，祀以少牢；士食鱼炙，祀以特牲；庶人食菜，祀以鱼。”（天子平时的盛馔用牛、羊、猪齐全的大牢，祭祀时要供上三份太牢；诸侯平时的盛馔用一头牛，祭祀时要供上太牢；卿平时的盛馔用一羊、一猪的少牢，祭祀时用一头牛；大夫平时的盛馔用一头猪，祭祀时要供上少牢；士平时的盛馔用鱼肉，祭祀时要供上一头猪；百姓平时吃菜蔬，祭祀时要供上鱼。）以上是作为祭祀法典的文献中的陈述，从中可窥见古代关于供品的详细规定。

◇ 祭祀与饮食习惯

献给神灵和祖先的供物，原本是一定要用整只物品上供的。但像猪、牛那样的大型动物，整只拿来烹饪有很多不便。也许出于这样的原因，后来简化成将头、身体、腿等部位完整地烹饪后作为供品。即使是佛教传入之后，这种习惯还是被传承下来。近代以后，在亲人的葬礼上或祖先的忌日，也都使用烧煮好的全鸡、全鸭。

祭祀结束后，供品自然就成了参与祭祀的人们的食物。《礼记·郊特牲》中记载，祭祀的供品，作为先王转赠给臣下的食物，臣下应以感恩戴德之心受用之，并非要品尝其中的美味。即，供品先让神灵享用，然后人可以食用。现代中国菜中食用牛、羊的内脏，或猪的头、脚、脑等的习惯，很可能是源于这种古代祭祀风俗。

烹饪的方法与祭祀也有关系。《礼记·郊特牲》中记载了为何祭祀时要供奉不同烹饪方法做出来的不同肉菜：“腥、肆、爓、腍祭，岂知神之所飨也？主人自尽其敬而已矣！”（在神灵前供奉肉类，用切成大块的生肉、劈开的肉、煮好的肉、煮透的肉。因为不知其中的哪一种能满足神灵的需求，主人为尽自己的敬意，唯有备全所有供品。）这里不免有借神的名义来尽享美食之嫌，但从中也可发现各种烹饪方法曾经与祭祀的风俗有很深的关系。

中国与日本的饮食习惯有巨大的差异，但从神所享用的东西也就是人所食用的东西这一视角上来看，中国与日本之间可以说并无多大差异。

5. 孔子时代的餐桌礼仪

◇ 饭是用手抓着吃的

笔者上小学时所读的连环画中有一幅孔子用餐时的画面：孔子坐在草席上，使用炕桌那样的矮桌，但餐具与现在使用的基本相同，且用筷子来用餐。当时并没有感到有什么疑问，也许现在很多人也没有觉得这里面有问题。

据《史记》记载，商纣王（约公元前11世纪）最早使用象牙的筷子。但考古学发掘显示，筷子最早只能追溯到春秋时期。暂且不论筷子究竟始于何时，即使孔子时代的人们已开始使用筷子，其使用方法与现在相比，应该也是大不相同的。

《韩非子·外储说左下》记载了一个颇有意思的故事："孔子侍坐于鲁哀公，哀公赐之桃与黍，哀公曰：'请用。'仲尼先饭黍而后啖桃，左右皆掩口而笑。哀公曰：'黍者，非饭之也，以雪桃也。'仲尼对曰：'丘知之矣。夫黍者，五谷之长也，祭先王为上盛。果蓏有六，而桃为下，祭先王不得入庙。丘之闻也，君子以贱雪贵，不闻以贵雪贱。今以五谷之长雪果蓏之下，是从上雪下也。丘以为妨义，故不敢以先于宗庙之盛也。'"（有一天，孔子拜见鲁国的哀公，在近旁侍奉的位置坐下。哀公赏赐孔子桃子和黍米，请孔子吃。孔子先吃黍米饭，然后吃桃子。周围的人都捂着嘴暗笑。哀公对孔子说："黍米饭不是用来吃的，而是用来除去桃子上的毛的。"孔子回答："我知道这种规矩，但黍米是五谷中位置最高的，祭祀先祖时被用作上等的祭品。而桃子是六种瓜果中最低下的，祭祀先祖时不得入祖庙。我听说，君子以低贱的东西擦拭尊贵的东西，而没有听说反过来的做法。现在用五谷之首的黍米去擦拭瓜果中最末位的桃子，会变成上下颠倒，这是违背大义的，我不能那么做。"）

暂且不论孔子是为了劝谏鲁哀公才说这番话，还是他不知道贵族的奢侈用餐方式，从这个情节中能发现一个意外的事实：用来除去桃子毛的黍米饭，应该没有配上筷子。这样的话，孔子就是用手抓着饭吃的，这或许就是当时的用餐方法。如果当时是像现在这样用筷子吃饭的话，无论如何，孔子一定不会用手抓黍米饭来吃的。

◇ 筷子是取菜用的

《礼记·曲礼》中记载了黍米饭用餐的正确做法——“饭黍毋以箸”（食用黍的时候不要用筷子），显然吃黍米饭时是不用筷子的。《管子·弟子职》中也有“饭必奉攀，羹不以手”（饭用手捧着吃，汤是无法直接用手吃的，要用筷子和调羹）。

《礼记》中有这样的记载，与地位高的人一起用餐时，由于会在同样的食器中抓饭食用，这时，双手不能搓。关于这一点，唐代的儒学家孔颖达（574—648）曾作注解释，因为古代人是用手来吃饭的，在和别人一起用餐时，手一定要干净。如果在吃饭前搓手的话，会被认为不干净，从而被一起用餐的人所鄙视。

另外，当时与客人或地位高的人一起用餐时，饭不能捏成团来拿。这一点，孔颖达也有解释：在同样的食器中拿饭食用之时，如果把饭捏成团就会拿得更多，这样就会给人一种争抢食物的印象，导致个人形象受损。但这只是指和别人一起用餐时的礼仪，平时一个人用餐时这么做并无大碍。据《吕氏春秋·慎大》记载，作为诸侯的赵襄子就是把饭捏成团吃的。

这种古代习俗甚至至今还在江南一带留存着。有一种称为“粢饭”的早餐食品，一般只能在大众餐馆或路边摊上吃到，即将糯米和粳米按一定比例混合，在蒸笼中蒸熟，可根据客人的要求在中间加上油条或砂糖，捏成团后送到客人手里。这种食物就是用手拿着吃的，不用筷子，吃法与日本的饭团相似。不过这几年间，这种食品已不多见，更常见的是便利店供应的日式饭团。

《礼记》中记载，春秋战国时期人们吃饭时仍不用筷子。取菜时是用筷子的；喝热汤时，在吃汤中的蔬菜时是用筷子的，没有加入蔬菜的汤是不用筷子的。但现代中国，人们一般是用汤匙来喝汤的。

有趣的是，朝鲜半岛上有与此相似的饮食习惯。韩国人用餐时，吃饭不用筷子而用勺子，取菜时用筷子。喝汤时，只有汤中有菜时才用筷子。这种饮食习惯似乎继承了春秋时代的遗风。

◇ 分食制源远流长

现代中国，许多人在同一张餐桌上用餐时，习惯于在同一个器皿里取菜。但春秋战国时代与此不同。饭是盛在同一个餐具中的，而菜肴是按人分盆的，与现在日本的分食制相似。

《管子・弟子职》中有这样的记载："各彻其馈，如于宾客。"（各自撤去自己食案的时候，要像撤去宾客的食案一样谨慎而行。）可以证明当时的用餐方式是分食制。另有记载，老师们用餐时，侍奉的弟子须不断巡视，按照情况为老师持续地添加食物。如果饭和菜肴是从一个食器中取的话，是无法这样侍奉的。

综合《管子》中的记述，以及前面引用的《礼记》中的记述，可以推断当时的习惯是这样的：平时的餐饮，饭也好，菜肴也好，都是分食的。但来了客人的话，饭备于同一个器皿中供大家分享，而菜肴基本上是一人一份。

餐桌上的饭和菜肴的放置方式也有详细的规定。据《礼记》记载，在劝来客进食时，饭放在吃饭人的左侧，汤放在右侧，鱼和烤过的肉放在外侧。醋、盐等调味料是放在内侧的，葱等作料是放在外侧的。

另外，肉类菜肴，带骨头的放在左边，切下的整块肉放在右边。从调味品、作料的放置方法看，这很明显是一个人的食案。从桌上的菜肴放置方式看，也可以推断当时的用餐方式是分食的。

另外，上菜也有一定的顺序。同样是《管子·弟子职》，其中有记载：上菜的正确顺序是先上家禽或家畜的菜肴，然后上蔬菜汤，最后用餐接近尾声时上饭。这当中也记述了如果是老师用餐，弟子应如何侍奉的礼仪。这样来看，日常的饮食恐怕与上述描述大同小异。

作为与用餐相关的礼仪，有在食用前要洗手、食用后要漱口等规范。但这种礼仪普及到何种程度不很清楚，可能也不适用于所有场合。在《礼记·丧大记》中记载，吃粥时可不用洗手，但食用竹笼里的饭时必须洗手。这里所记述的是服丧期间的礼仪，饭前洗手是因为大家都用手从竹笼中取饭。

食后漱口的规范也并非千篇一律。《管子》中记载，老师吃完后用水漱口，学生吃完后，则是用手遮盖，擦去嘴角上的残渍即可。

◇ 先祖们一日两餐

关于一天中用餐的次数，《庄子·逍遥游》中有这样的说法："三餐而反，腹犹果然。"（一日三餐食用后，就不会感觉肚子饿了。）从这样的记述来看，在春秋战国时期（前770—前221）已经确立了一日三餐的观念。

但似乎一般的老百姓实际上并不是这样的。据20世纪80年代以前出土的木简上的记载，殷商时期（前1600—前1046）普通老百姓一天只食用两餐（宋镇豪，1994）；用餐的时间也因地区不同而有些不一样，大体是7点—9点食用第一餐，15点—17点食用第二餐。

早上吃的像是主食，一般比下午用餐的量要多。到了春秋战国时期，人们仍维持着这样的习惯。在秦代的木简里，仍有按一日两餐的基准分配粮食的规则的记述，可证明在庶民中此后也继续着这种饮食方式。不仅如此，就是到20世纪60年代，中国还有一日两餐的地方。笔者1966年曾在广东省珠海市短期居住过。那时兄长在陆军医院当医生，工作日时是一日三餐，休假日则按当地的风俗，食堂只在11点和17点供应两餐。当时并没有遭遇灾害或饥荒。这也许是自古留下的风俗习惯。

当然，在上层阶级当中并非如此。可以推测当时的上层阶级是一日三餐的，一般老百姓则是一日两餐。此后，随着生产力水平的上升，一日三餐的习俗也逐渐扩展至平民阶层。

“粉磨登场”话面食

汉代

1. 颗粒状食用的麦子

◇ “粒食”[1]化的由来

采集文明、狩猎文明时期的情况尚不清楚，不过黄河流域自文字诞生以来，很长时期一直盛行“粒食”文化。小米也好，大米也好，麦类也好，都是颗粒状煮熟或蒸熟食用，无一例外。

中国大地上谷物的种类很多，各地区作为主食的谷物各不相同。即使是同一地区，随着时代的变迁，也有各种变化。但要说到比较有共通性的“五谷”，即粟、黍、稻、麦、豆，都是颗粒状食用的。古代文献中时常出现的“麦”也不例外。

根据日本学者筱田统的研究，古代中国所说的“麦”是原产于中

[1]粒食一词，即颗粒状食用的意义，但汉语中没有这样的约定词汇。——译者注

亚高原、从西方传至中国中原地区的大麦。这种麦子长期以来一直也是颗粒状食用的（筱田统，1974）。关于大麦的原产地有各种说法，但颗粒状食用的说法大致是确凿无疑的。大麦之所以被称为“大”，并非颗粒大小的原因，而是对其品级的评价。由于大麦的外壳和糠皮容易去除，便于精磨成颗粒，古人认为其品级较高，故称为大麦。谷物中大麦的味道较差，并且面筋成分含量较少，不太适合磨成粉食用。这种颗粒状食用的习惯一直延续到现代。笔者还是学生时，家里经常煮大麦粥，在粮食不足的20世纪60年代前期也吃过麦子做的饭。现在市场上作为健康食品出售的，也是压扁的大麦。

◇ 粟为主食的原因

古代的中原地区以颗粒谷物为主食，其原因与较多食用粟、黍有关。据考古发现，黄河流域8 000年前就已经种植粟了（闵宗殿等，1991）。以粟、黍为主食的历史延续时间很长，其间即使可以获得其他的谷物，一般也是以颗粒状食用的。

选择“粟”为主食，自有其原因。首先，粟生长期短，快的三个月就可以收获了，与要花半年时间才能收获的稻相比，粟种植的周期要短得多。而且它对气候的适应性很好，特别是耐旱，比较适合降水量较少的中国北方。再则，粟能在贫瘠的土地上生长，这使得自然条件较差、农业技术水准较低的地区也能种植粟。在只能进行原始农耕的古代，选择粟为主食是很自然的。

另一个原因是粟有丰富的营养。非精白的粟的蛋白质、类脂质、钙、铁、钾、维生素B_2的含量均高于糙米。精白的粟与精白的米相比，除了以上的成分，在能量、纤维素、碳、磷、维生素B_1、烟酸等含量上也较高。这些营养上的特点，当时的人虽然还没有在科学上认识到，但根据经验也是可以感受到的。

豆的种类各种各样，以大豆为例，从蛋白质、类脂质、钙、铁、维生素等含量上看要比粟高，但最大的问题是其吸收率只有65%。从这一点上也可以看出，选择粟而不是豆为主食是有其缘由的。

◇ 小麦是何时开始种植的

这些年的考古发现证明中国在黄河流域以外存在着高度发达的文明。比如长江流域就存在着比黄河文明更为古老的农耕文化，只是因为没有文字史料的存在，这样的事实长期以来一直被埋没了。这些地区都是种稻的。南方与黄河流域不同，主食是稻米。从这种意义上说，古代中国文化比迄今为止了解到的更具有多样性。但从主食是颗粒状食用还是磨粉食用的问题上看，稻米也是粒食的，在这一点上南北地区是一样的。

关于小麦何时传到中国众说纷纭。根据考古学者的发掘结果，西周就已经有小麦了（李长年，1981）。2016年，陕西省考古研究所对镐京遗址进行考古发掘时，在填埋垃圾的灰坑里发现了碳化的小麦颗粒，这是一个重大的考古发现。当时，主要媒体都进行了报道。据报道，在镐京遗址发现小麦颗粒还是第一次。这些小麦是西周中期的遗物，虽距今2 800年，但小麦的颗粒形状仍保存良好。此类考古发现对小麦的种植起始于汉代一说是个挑战。

但从小麦食用史的角度来看，还是有许多疑问遗留着。颗粒小麦的发现并不能证明当时小麦是磨粉而食的。相反，颗粒状食用的可能性还是很大的。

中国最早的石磨是1968年从西汉中山靖王刘胜及其妻窦绾之墓中出土的。这是一个由石磨和铜漏斗组成的复合磨，技术含量非常高。由于迄今还没有实物可以证明中国的石磨是从初级阶段发展到高级阶段的，所以高端石磨的制作技术被认为是随着小麦的播种及加工技术经由丝绸之路一起进入中国的。历史文献的记载也基本上与这种看法吻合。

需要说明的是，当时的小麦不是主要农作物，而是作为二茬作物被种植的。文献中没有看到麦广泛地成为主食的记录。大麦和小麦曾经是用不同的汉字来表示的，而后逐渐变为用“麦”一个字来表示，这也表明小麦在当时不是主要的农作物。如果小麦是主食的话，记录、统计、登记都需要与大麦区分开来，才更方便实际操作。

2. 与西域的交往及面食之东渐

◇ 面类食品的历史脚印

在汉字中，用“面”这个字来表示小麦粉。另外，用“饼”这个字来表示揉捏小麦粉制作出来的食物。这两个字以前没有，在汉代的文献中才出现。现代汉语中“饼”字是用来表示用小麦粉制成的食品的，其制作过程中经过揉捏、烧烤，外形呈扁平状。但“饼”在汉代并不是这样特定的含义，而是指所有用小麦粉制作的食物。所以，“饼”并非特指像“馕”[1]那样的扁平的面粉食物，“面条”“面疙瘩”等都叫“饼”。

在汉代学者史游公元前30年所写的一本启蒙读物《急就篇》中，出现了“饼饵”“麦饭”“甘豆羹”三种食物。其中“饼饵”是“饼”这个字最古老的用例。当然“饼”这种食物本身还可以追溯到更古老的时代。根据《汉书·宣帝纪》的记载，汉宣帝（前91—前49）在即位前，经常出入市井买“饼”吃。可以想见，在写作《汉书》的时代就已经有“饼”了。如果被记录下来的情况准确的话，“饼”的出现还可以追溯到更早。

汉建元三年（前138）张骞出使西域，12年后，也就是公元前126年回国。面粉食物可能就是这个时候由张骞从西域带回来的。这一说

[1]日语中的ナン（Nahn）意指印度烤饼，是面粉烤制的扁平状的食物，与中国新疆地区普遍食用的“馕”渊源上应相近。——译者注

法没有确凿的根据，但其可能性还是很大的。

根据《汉书·食货志》的记载，汉代中期，董仲舒（前179—前104）上奏皇帝，内容是关于农业生产的进言，其中这样写道：

> 《春秋》它谷不书，至于麦禾不成则书之，以此见圣人于五谷最重麦与禾也。今关中俗不好种麦，是岁失《春秋》之所重，而损生民之具也。愿陛下幸诏大司农，使关中民益种宿麦，令毋后时。（《春秋》这本史书里没有记录其他作物的生长情况，但麦和粟收成不好时却都有记录，这里可以看出圣人在五谷中最重视麦和粟。而现在关中地区的人不太愿意种麦子，这就丢失了《春秋》最重视的作物，给百姓的生活带来很大影响。为此，恳求陛下给相关官员传令，尽快让关中的百姓种植过冬的麦子，不要错过时机。）

麦在原文中用“宿麦”两个字记录，并没有明确指出是大麦还是小麦。但这两种作物都是越冬作物，是在主要谷物收获之后才开始栽种的二茬作物。当时在陕西省附近不太种麦，是因为作为粮食，麦子不太受人们喜欢。假设这里提到的“宿麦”包含小麦，从这一记述中可读到一个重要的事实：汉代中期的中国西北部，麦还是以颗粒状被食用的。

古代不管是大麦还是小麦，以颗粒状食用的麦都被作为粗粮来对待。价格低，没有经济价值，即使种植了也提高不了收益，农民们对此不感兴趣。如果小麦能以面粉的方式来食用的话，就会有各种食用方法。事实上，磨粉食用的方法出现后，人们开始喜欢吃小麦粉了。由此，小麦粉的需求量增加，价格肯定也提高了。农民们就不会再讨厌种植小麦了。

◇ 与西域的交往及面食的引入

董仲舒的上奏与张骞出使西域差不多在同一时期。《汉书·武帝纪》中有这样的记载：汉元狩三年（前120）秋，“遣谒者劝有水灾郡种宿麦”，意为汉武帝派遣谒者，要求遭遇洪水的地区栽种越冬的麦子。由此可见，麦仍是作为贫困地区或灾害时的粮食而种植的。这里也没有明确是大麦还是小麦，假设包含小麦，则小麦仍然被认为是较贱的粗粮。或许当时还未知晓磨粉食用的方法，或仅有部分地区有所知晓，还未普及开来。

不过，公元前33年左右，出现了用小麦粉制作的叫作“饼”的食物的记录。这两件事之间仅隔90年左右的时间。如果参照前面提到的汉宣帝的例子，这一时间差更缩短到20～40年。也就是说张骞出使归来仅仅90年之后，小麦的“粉食”[1]就推广开来了。以当时交通手段不发达、信息传递要花很长时间的情况来推测，带来这种变化的时间是极为短暂的。另外，考虑到改良磨具、牵引具所需要的时间，可以

[1]对照前面出现的“粒食”，日语中有“粉食”的说法，这种表达在汉语中还没有，但从字面上也不难理解。考虑到阅读的顺畅，在后文中提到“粉食”的地方，改为汉语中通用的“面食”来表达。——译者注

想象“粉食”技术在很短的时间里实现了飞跃式的发展。

张骞第二次出使西域归来是公元前115年。出使途中，他派遣副使出访大宛（今中亚的费尔干纳）、康居（今乌兹别克斯坦的撒马尔罕）、大夏（巴克特里亚王国）、身毒（古印度）、安息（帕提亚，今里海东南岸）诸国。这些副使回国之后，西域的那些国家都派使节相继访问了长安。

“粉食”在中亚已有很长的历史，这点已十分明确。中国有原生的小麦，但没有形成发达的“粉食”文化。与小麦粉的出现及普及的时期联系起来考虑，产量高的外国品种的小麦与“粉食”文化一起从西域传入的可能性很高。

图2-1　麦子

◇ 麦子种植量的增加

然而，小麦的面食并未立即推广。前面说到的“饼”字的最早记录是公元前30年代，但此后的很长时间里，以颗粒状食用麦子的情况仍然持续着。

从西汉夺取王位建立新朝的王莽，在听到长安遭遇饥荒的流言后，向管理长安市场的宦官王业询问情况。王业拿着长安市场上卖的“粱饭肉羹”，也就是精白粟饭和肉汤，向王莽报告“居民食咸如此（居民们吃的是这样的东西）”（《汉书·王莽传下》）。这是公元22年的事，已是“饼”在文献中出现后50年了。

同一年，之后成为汉光武帝的刘秀起兵要推翻王莽政权。在去讨伐王莽的途中，据《后汉书·冯异传》记载：“及至南宫，遇大风雨，光武引车入道傍空舍，异抱薪，邓禹热火，光武对灶燎衣。异复进麦饭菟肩。”［到达南宫（现在的河北省南宫市）时，遇到大风雨，刘秀把车拉进空着的房子里，冯异拿来柴火，邓禹点起了火。刘秀在灶前烘着淋湿的衣服时，冯异煮了麦饭和兔肉，端了进来。］这是紧急情况下的食物，能够搞到的粮食还是颗粒状的麦子。这样来考虑，至少在农村地区常备的并不是小麦粉，而是颗粒状的大麦或小麦。

东汉有个文人名叫井丹，以清高闻名。王公贵族们都想与他结交，但全都被他拒绝了。有一天，光武帝（前26—57）妻子的弟弟阴就玩弄计策，硬是找了理由将井丹请到自己家来，仗着皇亲国戚的地位，想侮辱井丹，一开始故意将仅有麦饭和葱花的食物端出来。井丹责问，我是因诸侯之家应供上等的食物才来造访的，（作为国舅，）为何只端出如此粗劣的食物？最终，阴就不得不将佳肴端了上来。（《后汉书·井丹传》）这颇有一点把用餐作为心理战的工具的意味。从这段记述中可以看出，当时的庶民还是吃麦饭的，而上层阶级则把这种食物看作粗粮。及至东汉后期，情况逐渐发生变化，小麦的面食渐渐增加了。

◇ 面食的推广

东汉中期以后，小麦粉制作的食品更迅速地推广开来，成为民间日常的食物。崔寔在《四民月令》中写下“立秋勿食煮饼及水溲饼”的说法。“煮饼”和“水溲饼”应该都是揉面而成，为何分述，尚无以考证。可能是根据外形命名。“煮饼”可能指块状的面食，“水溲饼”可能是面疙瘩之类的食物。作者崔寔于东汉顺帝在位期间（126—144）出生，灵帝建宁年间（167—172）去世。这表明面类食物在东汉已经渗透到洛阳一带民间了。但那时，小麦粉是否已成为一种主食，还不能断言。

据《后汉书・李杜列传》的记载，146年，东汉奸臣梁冀唆使手下毒杀8岁的皇帝质帝。质帝用餐后，立即感觉不适，急唤太尉李固入宫。李固询问了质帝不适的原因，还能说话的质帝回答，是吃了“煮饼”后积食，喝水可能会舒服一点。此时，一旁的梁冀则说，“恐吐，不可饮水”，不让其喝水。梁冀话还没有说完，质帝就气绝身亡了。毒药可能是放在“煮饼”里的。这些事都发生在公元2世纪中期。有人认为，汉质帝吃的“煮饼”以及后来的“汤饼”即今日的面条，这是个很大的误解。

即使到了宋代，“汤饼”仍然不一定是指现在吃的面条。譬如

《山家清供》记述了名为“梅花汤饼”的食物：“泉之紫帽山有高人，尝作此供。初浸白梅、檀香末水，和面作馄饨皮。每一叠用五分铁凿如梅花样者，凿取之。候煮熟，乃过于鸡清汁内，每客止二百余花可想。”（泉州紫帽山的一位高人，曾做过这种食物。先把白梅和檀香末浸在水里，用此水和面粉做成馄饨皮一样的薄片。用梅花形的铁凿按出一片片梅花状的薄片。滚水煮熟后，放入鸡清汤里。每位客人大约200片。）这里“汤饼”并不是细长的面，而是片状的。这已是宋代的事，何况更久远的时代。就笔者迄今所查阅的文献范围来说，没有任何数据可以证明汉代已经有面条。有关这一点，第六章还会论及。

3. 汉代饮食生活的林林总总

◇ 中原地区的农作物

秦汉两代期间，中国文明有了飞跃式的发展。特别是汉朝，水利和灌溉技术提高很快，制铁业发展迅速，铁器在农业生产与日常生活中普遍使用。

20世纪50年代，河南省洛阳市附近发掘了数百个汉代的墓，其中出土了12种谷物。从出土的次数与数量推测，当时主要的作物是黍、麦、粟、稻、豆（洛阳区考古发掘队，1959），这一结论与汉代学者赵岐关于“五谷”的解释基本一致。

值得注意的是中原地区也种植稻。原本这一地区降水量少，不太适合水稻的种植。但汉以后，中国北方农业灌溉开始使用井水，河南省南部的泌阳县曾发掘出多处农业灌溉用井（河南省文化局文物工作队，1958）。农业水利的发达使得中原地区的稻作成为可能。但出土的墓多数是贵族与官僚的，稻米普及到何种程度，疑点还是很多。考虑到当时除了稻以外，还种植麦、黍、粟等多种谷物，不吃稻米的人口可能占多数。

◇ 马王堆古墓中所见的汉代饮食

与中原地区相比较，南方稻作盛行，米食所占比例是比较高的。20世纪70年代，湖南长沙附近的马王堆出土了一座大型古墓，是公元前2世纪左右的三个地方贵族的墓。在数量众多的随葬品中，包含粮食、已烹调好的菜肴等各种食品，提供了推测汉代饮食文化的重要证据和线索。

在被发掘的三座墓中，仅一号墓就发现了30种以上的食品，而在三号墓里有40个竹箱装有食品。粮食有稻、小麦、黍、粟、大豆、赤豆、麻等。粮食的种类与前面提到的河南洛阳所发现的基本相同。这里没有发现用小麦粉制作的饼，可见当时小麦的面食还没有传播到南方。

马王堆汉墓中也发现了许多肉类食品的随葬品。畜类有牛、羊、猪、马、狗、鹿、兔等，是通过骨骼的鉴定得到确认的。禽类有鸡、雉、鸭、鹑、雀以及雁、天鹅、鹤等十数种。鱼类全部是淡水鱼，有鲤鱼、鲋鱼、鳜鱼等（何介钧等，1992）。

这些材料都由厨师烹调后葬入墓中，被发掘出来时已失去了原来的形状，但从随葬竹简的记载上可大致推测出其烹饪方法。

竹简上记载，肉类是已加工过的干肉和肉汤。其他主要的烹饪法有炙（肉直接在火上烤）、脍（肉切细后用醋拌）、濯（把肉放入蔬菜汤里煮）、熬（把肉煎干）、濡（肉煮透后用汁拌匀）等（何介钧等，1992）。

其中汤菜最多，有醢羹、白羹、巾羹、葑羹、苦羹五种。醢羹是把干肉切细，用酒、盐、曲等调味以后做成的汤；白羹是用米粉与肉混合做成的汤；巾羹是芹菜与肉做成的汤；葑羹是芜菁的叶子与肉做成的汤；苦羹则是用苦菜和肉混合做成的汤（何介钧等，1992）。根据所用的肉的不同，还有“牛肉醢羹”“猪肉白羹”等不同的种类。这些汤菜都是礼仪食品，也反映了汤菜在当时的菜肴中占据着主要的地位，这一点与先秦时期的食文化相比较，没有太大的变化。

鱼的烹调主要是用文火烤干，然后用竹签穿起来，稍有点特别。这究竟是为随葬品而特别烹调的还是当时的日常饮食方式，不太能确定。蛋是按原样随葬的，不太清楚当时的人是如何食用的。

再看其他的菜肴、烹饪方法，基本是当时的史书中已出现的名称，其中盐、酱、蜂蜜、酒曲、醋等调味品是西汉之前就开始使用的。但因为食物早已腐化变质，用量多少、如何搭配已很难搞清楚了。

◇ 蔬菜的温室栽种

西汉的桓宽曾写过《盐铁论》一书。书中批评了汉代人的生活，认为与远古民风淳朴时代的日常生活相比，汉代已腐败堕落到了十分严重的程度。但现代人却可将作者的意图反用之，从这些议论中推测出许多有关汉代日常生活的细节。《散不足》一章中提到了饮食文化的变化。通过这些描述，可了解到汉代不仅比以往朝代的饮食生活要丰富，而且饮食习惯也发生了很大变化（这里的“以往”似指周代）。例如，以往的人们只吃成年的家畜，到了汉代，开始追求食物的柔软，开始食用幼羊、幼猪、幼鸟等，而且这种嗜好非常流行。

另外，以往的人们注意动植物的成长周期，而到了汉代，人们无视这样的过程，竟然在春天吃繁殖期的鹅，秋天吃还未成年的幼鸡。蔬菜放在温室里培养，冬天也可以吃到韭菜和葵。

2 000年前就已有了温室栽培，听起来有点夸大其词，而事实上这却是有根据的。汉元帝时期，即公元前三四十年代，掌管皇帝饮食的部门“太官”为在冬季也能栽培葱和韭菜等，便在屋顶上圈起一个棚，昼夜用炭火提高温度，促使蔬菜生长加快（《汉书·循吏列传·召信臣》）。这里提到的是宫廷中的事，而《盐铁论》中所说的是民间所进行的温室栽培。

宴会上所用的食物也发生了变化。据《盐铁论·散不足》记载，以往村子里的酒宴上，年长者的桌上会摆放好几个盛着佳肴的器皿，年轻人只能站着吃酱和一个肉菜。但到了汉代，在招待客人的结婚筵席上，会出现豆汤和精白的小米以及醋拌或烹调的肉。宴会上还会摆放许多带骨头的肉，或烧烤的食物。野味和水产包括甲鱼、鲤鱼、小鹿、鱼子、鹑、河豚、鳗鱼等多种食物，水果有橘子、槟榔，调味品有醋、盐等。

随着生活水平的提高，各阶层之间的食物差异缩小了。以往，牛只有在诸侯祭祀时才使用，到了汉代，比较富裕的庶民在祭祀时也开始把牛作为供品，中层阶级的人们也开始宰杀以往士大夫只有在祭祀时才使用的羊和猪来祭神。以前贫穷的人只能使用鱼和豆来祭祀，现在连这些人也开始使用鸡和猪作为供品了。

◇汉代也有“大排档”

自汉代开始，城市里出现了餐饮业。《盐铁论·散不足》中对餐饮店的情况及销售的食物做了一番描述：

> 古者，不粥饪，不市食。及其后，则有屠沽，沽酒市脯鱼盐而已。今熟食遍列，殽施成市，作业堕怠，食必趣时。（以往人们不卖烹调好的食物，也不在市场上买吃的。到了后来，才有杀猪、宰牛、卖酒的，不过也就卖酒、卖肉干、卖鱼、卖盐罢了。但现在，街上店铺里熟食摆满了柜台，菜肴陈列成了一个市场。人们干活偷懒，饮食却热衷于追求季节的美味。）

随着商业、手工业的发达，雇佣人员增加；而城市的扩大使得居住地和工作地之间的距离扩大。职业分工的细化刺激了餐饮业的产生和发展。此前，餐饮业做生意的对象是旅客，其后成了当地居民享乐或社交的一种方式。而从事建筑业或手工业的人员在外饮食是一件很重要的事，这促进了餐饮业的发展和规模化。

四川省彭州市的古墓中出土了东汉时的画像砖，上面十分生动地描绘了当时餐饮业的繁荣。

图2-2 繁荣的餐饮业（汉代的画像砖）

从所销售的食物来看，使用了各种食材和烹饪方法。如猪肉放在火上烤，韭菜和蛋一起炒，煮烧好的狗肉切成片，用马肉做汤，等等。鱼在锅中放些油煎煮，肝煮熟后切成片。鸡先用酱煮，冷却后盛在盘里。羊肉则是用盐来腌制的，还有用家畜的胃做成的干肉、煮乳羊等。豆烧煮成甜的味道，幼鸟和雁可煮成汤。还有各种味道的干货、瓠子花、上等的谷物、烤全猪等。

从上面所提到的菜肴可以看到，街道各处饮食店、摊贩、熟食店制作出各种菜肴，已形成有相当规模的餐饮业。

与现代不同，汉代的饮食习惯是每人一膳，这一点与先秦时代没有两样。汉代人脱了鞋，进屋在席子上坐下。饮食的时候，使用叫作“案”的膳桌。膳桌上摆放饭和盛菜肴的碗碟等。食器多用漆器，也有漆器的勺和匙，勺是舀菜时使用的，匙是舀饭时使用的（见彩图4）。

4. 面食的奇迹——饺子的那些事

◇ 遍及东西的踪迹

小麦粉制作的食品中，饺子是最令人浮想联翩的。类似饺子的食品几乎遍布全世界。最有名的是俄罗斯的“佩利梅尼（Пельмени）”，其他还有亚美尼亚、阿塞拜疆、哈萨克斯坦、阿富汗、吉尔吉斯斯坦、土耳其的“曼提（Manti）”或“曼托（Mant）”，波兰的“皮埃咯及（Pierogi）”，尼泊尔的“馍馍（Momo）”等类似食品。据传有些是中国传过去的。从外形上看，似乎很有这种可能性，但这些传说都没有确凿的根据。况且有些国家的“饺子”形状和中国的相去甚远。关于这点，后面的章节里还会涉及。其实，饺子即使在中国也因地而异，这点下面也会提到。本节中，根据古代文献所载，来探索一下饺子的来龙去脉。

说起饺子，大家似乎都有一个很明晰的概念，可一旦要对它下定义，意外地会感到很棘手。现代的饺子大致可分为水饺、蒸饺和煎饺三类，都是按其烹饪方法来划分的，而要从饺子皮的角度来看，还能够举出一种，那就是广式早茶中的虾饺。说起来也是“饺子”，其实皮的制作材料及方法却完全不同。

在日本，无论什么种类的饺子，外观上大致都很相似。然而，在中国，地区不同，饺子的形状和内容差异很大。提到饺子，大多数人的印象中是半月形的，但在中国东北的农村地区，也有像春卷那样圆筒形的饺子。同样是半月形的饺子，有带褶的和不带褶的。在北方，大部分饺子都是带褶的，而长江以南地区经常能看到不带褶的饺子。

一般来说，饺子皮是不发酵的。用发酵的皮做成的像馒头那样大小的饺子叫作“三角包”。但在“文化大革命”时代之前，有的饮食摊把三角包当作蒸饺来卖。总之，并不需要什么机构来认定，做的、卖的、吃的人愿意把它叫作饺子，就是饺子了。反之，怎么看都像饺子的，在有些特定的地区却叫作别的名称。在这种意义上，要对饺子下定义是不太可能的。因此，要探讨饺子的各种问题，只能把特例和个例排除在外。也就是说，这里要讨论的，是大多数人承认的那种“饺子”。

水饺、蒸饺、煎饺的皮都是用小麦粉作为材料，将水或盐水与小麦粉混合，揉捏制作成的。也有的地方用沸腾的热水与小麦粉混合，称为“烫面饺子”或“烫面蒸饺”。以前的小麦粉加工技术没有现在这么高，用热水揉捏，可以将皮擀得很薄。一般来说，水饺的皮要薄一些，蒸饺和煎饺的皮则要厚一些。

但广式早茶中的虾饺的皮与一般饺子的有本质上的不同，是用澄粉（小麦粉的淀粉）与食用木薯淀粉混合做成的。如果没有木薯淀粉，可单独使用澄粉。使用这种材料，蒸好的饺子皮是半透明的，一眼看上去就与小麦粉做的饺子皮不同，皮很容易破，不能用来煮或煎，一般是放在蒸笼里蒸的。由于材料采购比较麻烦，准备工作有些烦琐，一般家庭中不大做。

饺子的馅也因地区和人的不同有很大差异。但对于水饺、蒸饺或煎饺来说，馅几乎没有什么区别，基本上只要有肉和蔬菜就行了。当然，只放一种也是可以的。蔬菜以白菜和韭菜为主，也有地区用卷心菜或青菜，更有极少的地方用黄瓜。另外，也有人将葱作为香料放入馅里，但一般都不把大蒜放入馅里。这一点与日本的饺子有很大差异。馅用的食材越多味道就越鲜美，除了肉与蔬菜，北方会加入粉丝或豆腐干，南方有时会加入虾干或香菇。另外，海鲜饺子中使用虾、干贝等，回族人的饺子用牛肉来代替猪肉。只用蔬菜的饺子在素食餐厅中会出现，一般家庭里很少吃。

判定是不是饺子，与其说是看馅料，不如说更看皮与包法。比如馄饨与饺子的区别之所以一目了然，就是通过后者来判定的。一直以来，饺子皮是圆形的，而馄饨皮是方形的。但用市售的饺子皮来包馄饨，就难以发现其中的区别了。水饺是煮好后直接盛到碗中食用的，而馄饨是要盛在加入酱油等调味料的汤里食用的。在这一点上两者区别很大。但使用饺子皮来包馄饨，再将它盛在馄饨用的汤料中，一般就会被当作馄饨，而食用的人几乎不会察觉到用的是饺子皮。实际上，馄饨皮数量不足的时候，人们经常用这样的方法。不过，手工制作的饺子皮以馄饨的包法来用的话，包起来有点困难。

反之，用馄饨皮来包饺子，以饺子的方法来烹饪的话，也可以视同饺子。但难度在于包不出半圆形，实际上，很少有人真会这样去做。

观察现代的饺子可以知道，这种食物是多姿多彩的。这也是考察饺子起源时可以参考的一个视角。

◇ 饺子起源之谜

饺子是什么时候被发明的？这个问题还没有答案。或者说，也许原本就没有答案。饺子这样的食品不会是一夜间就产生的，肯定是在长期的历史进程中逐渐发展出来的。食品的起源也好、改良也好，有的是有意识去做的，有的则是偶然的结果。原本，起源就不是只有一种，是在许多次尝试中才产生的。出于这个原因，迄今为止关于饺子起源的论证很少，只在青木正儿的《爱饼余话》、张廉明的《面点史话》等著作中提及（张廉明，1989）， 而主要讨论这种食物的来历及发展的著述，几乎看不到。这一小节中，笔者将参考迄今为止的研究成果，尝试尽可能全面地探讨一下这个问题。

在探讨饺子的起源时，有必要也关注一下馄饨的变迁。另外，除了参考文字资料，也要从考古学的发掘成果及绘画中加以印证。

首先，从史料来看，蒸饺与水饺差不多是同一个体系的。但煎饺与其说是从蒸饺或水饺那里进化过来的，不如说应该考虑是从“烧饼”的那个体系发展过来的，这个问题后面还会谈到。

晋朝束皙的《饼赋》中，描写了“笼上牢丸”和“汤中牢丸”两种食物。另外，同样是晋朝的卢谌的《杂祭法》中，举出了春天祭祀所使用的食品“牢丸”。青木正儿基于《饼赋》叙述的内容“肉则羊膀豕胁，脂肤相半。脔若绳首，珠连砾散。姜株葱本，蓬□切判。□□剉末，椒兰是畔。和盐漉豉，揽和樛乱。于是火盛汤涌，猛气蒸作。攘衣振掌，握搦拊搏。面弥离于指端，手萦回而交错”（将羊肉与猪肉切细，生姜、葱切细，加入肉桂、胡椒、木兰的粉末，与盐和豆豉调味，做成馅料。用面粉做的极薄的皮包裹后上蒸笼蒸，然后蘸酱食用）说明了其制作方法（青木正儿，1984）。青木正儿据此推定“笼上牢丸”很可能是现在的烧卖。而关于“汤中牢丸”，则引用了明代《正字通》中的“水饺饵”的说明，推测是水饺。

青木正儿的说法很有趣，但对其“笼上牢丸”就是烧卖的说法笔者很难赞同。“汤中牢丸”是放入汤中煮的食物，因此皮应该是封闭起来的。“笼上牢丸”也是“牢丸”，从名称上来看，形状应是圆形的，皮是封闭起来的。但烧卖并没有把口封闭起来。与束皙《饼赋》的描写配合起来看，把“笼上牢丸”看成是蒸饺的原型也是合情合理的。很有可能“笼上牢丸”在北方分成了两支，面发酵的演变成“馒头”，面不发酵的演变成蒸饺；而在南方演变成“汤圆”。不过这一推测还有待进一步考证。

为何“笼上牢丸”是蒸饺类的食品而不是肉馒头？这样的推测是有理由的。《饼赋》中是将馒头和牢丸分为不同类别的食品来记述的。束皙将两者分而述之，也许是基于有没有发酵这一点来看的。“牢丸”的皮极薄，是没有经过发酵的缘故。多少有点烹饪经验的人会注意到，没有发酵过的面团越厚就越硬，口感也越差。将皮做得尽可能薄，是美味的关键。

如青木正儿所引用的，欧阳修（1007—1072）在《归田录》中写道，“牢丸”到底是什么，已经搞不明白了。不仅在宋朝，从盛唐（650—755）到中唐（766—835）的那段时期里，人们就已经不知道“笼上牢丸”和“汤中牢丸”是什么了。比如，孟浩然（689—740）、李白（701—762）、杜甫（712—770）、王维（701—761）的诗中都没有出现“牢丸”这样的词。《酉阳杂俎》中出现过“笼上牢丸”和“汤中牢丸”，撰写者段成式（803—863）是中唐至晚唐时期的人，而约同时代的元稹（779—831）、韩愈（768—824）、刘禹锡（772—842）、李贺（790—816）的诗中没有见到“牢丸”一词。白居易（772—846）的诗歌中出现了大量的食物，但也没有“牢丸”。那么，为何《酉阳杂俎》中会出现“笼上牢丸”和“汤中牢丸”呢？其实，段成式撰《酉阳杂俎》有仿梁元帝“访酉阳之逸典”之意，是将“笼上牢丸”和“汤中牢丸”作为以前有过而现今已不存在的食品而列举出来的。

◇ 白居易为何没有吃过饺子？

然而，唐代已经有饺子是个无可争辩的事实。20世纪80年代，中国新疆维吾尔自治区吐鲁番盆地的阿斯塔那古墓群有了新发现。1986年9月，阿斯塔那乡（今吐鲁番市三堡乡）的工地现场新发现了古墓。9月22日至10月2日，考古学者进行了调查，发掘出8个古墓。从86TAM388号墓穴中，发现了8个饺子盛在碗里的状态。一个碗中有一到两个饺子，长5.7厘米，宽2.4厘米（柳洪亮，1997）。同一墓穴中还发现了高昌延和十二年（613）的文书，由此可知该古墓是隋末唐初的墓穴。古墓中没有描写食品名的文字，这些饺子被通称为“现存最古老的饺子”。

图2-3　阿斯塔那古墓中发现的饺子

关于这种“最古老的饺子”，记述上存在若干差异。吐鲁番博物馆的介绍上的说明是：出土的饺子总共是4个，“长约4.7厘米，宽2.4厘米，原材料是小麦，淡黄色，形状与现在的饺子相同”（小菅桂子，1998）。

2004年6月24日，中国国家博物馆、广州市旅游局、广州市文化局、广州市商业局主办的“美食配美器——中国历代饮食器具展”，在广州市西汉南越王墓博物馆展出。在多件贵重的展示品中，有前面提到的饺子。展览会的说明上写着：这是"最古老的饺子实物，从唐代的墓穴中出土"。小菅桂子看到这种饺子时，原来的"淡黄色"由于"已严重钙化，整体颜色发黑"（《信息时报》，2004年6月25日）。据博物馆职员介绍，中间的馅是肉馅，由于当地气候干燥，基本不下雨，埋葬后水分很快被吸收，馅料、皮都没有腐烂，因而能保存至今。该职员没有谈及出土时的"淡黄色"为何后来"整体发黑了"。

总而言之，这是十分有力的证据，证明唐代已经有饺子了。也许饺子的诞生还可以追溯到更早的时代，但现在还没有找到证据。

然而，吐鲁番盆地出土的"饺子"是蒸饺还是水饺？光看照片还无法断定。如前所述，吐鲁番博物馆的介绍上，其大小是"长约4.7厘米，宽2.4厘米"，尺寸数据小于之前提到的发掘报告上的记录。还不清楚为何有这样的不一致。这一点先不深究。按常识推测，由于干燥，发现时的饺子大小比制作时应有若干收缩，这样的话，这种饺子要比现在的饺子小了一圈。而水饺通常要比蒸饺小一些，因此出土的饺子为水饺的可能性更大。

虽然唐代已有饺子，但是据笔者调查，孟浩然、李白、杜甫、王维、韩愈、白居易等很多唐代诗人的作品中均未出现"饺子"一词。究其原因，有两种可能。一是当时饺子的名称是俗称，与诗歌的韵律不吻合，很难在诗歌语境中使用。但诗歌中有换一种说法的修辞法，加以灵活应用，应该能克服这样的难题。

另一个原因是食物的地域性，即吐鲁番等地区已经有饺子了，但还没有流传到文化中心长安以及黄河中下游地区。

与第一点相比，后者的可能性更大。其实，唐代的文人段公路在《北户录》“食目”的注中，引用了北齐颜之推的话：“今之馄饨，形如偃月，天下通食也。”“偃月”是半月形的意思，此处请注意“馄饨”是半月形的记述。时代不同，“馄饨”曾有“乌冬（馄饨）[1]”及现今的“云吞”两种意思。“乌冬（馄饨）”当然不是半月形的，而“云吞”也不是半月形的。仅从形状上来考虑，颜之推所说的“馄饨”不是今天的“云吞”，而是饺子或是饺子形状的点心。顺便提一下，现代的据称始于日本的乌冬面和一般的面条的不同之处是，擀乌冬面放盐，而擀一般的面条放碱水，都是为了增加面的韧性，但碱水的效果比盐好。中国的面条传到日本时，可能因为引进年代不同，有放碱水和放盐两种做法。放盐的做法很早就引进了，这就是近年来又从日本引入中国的乌冬面。而放碱水的做法是到近代才引进的。日本把这两种做法都保留了下来，而放盐的制面方法在中国已经很少见了，以至于现在很多人以为乌冬面是日本特产，其实只是女儿回娘家而已。关于这一点，第六章中还会讲到。

《清异录》中记载，唐代韦巨源“烧尾食单”所列的食品表单，记述了“生进二十四气馄饨花形馅料各异，凡二十四种”。且不说馅料的不同，它们不仅形状各异，还有所谓的“花形”。这表示“馄饨”一词在各个时代中，也许有更为广义的用法。

引出馄饨这一辅助线，饺子的来历就变得十分明了了。南宋林洪

[1]此处“乌冬”是日语词“うどん”的音译，而“馄饨”是“うどん”的日语汉字。日语中“うどん”与“ワンタン（云吞）”原来的汉字都是“馄（馄）饨”，但现在所指的是两种不同的食物。——译者注

的《山家清供》的“椿根馄饨”中介绍了唐代诗人刘禹锡的“樗根馄饨皮法”。其中，在制作馄饨皮的时候，将香椿根捣碎、过滤后，和在小麦粉里，对腹泻、腰痛有治疗效果。刘禹锡的“樗根馄饨皮法”很有意思，林洪没有明确其出处。而按林洪的记述，刘禹锡所在的时代就已经有馄饨了。但如前所述，包括现存的刘禹锡的诗在内，唐诗中找不到“馄饨”这个词。

那么，《山家清供》中所引用的“椿根馄饨”中的“馄饨”有可能是今天的“云吞”吗？元代的《居家必用事类全集》中有“馄饨皮”[1]一项，详细介绍了馄饨的制作方法。

> 白面一斤，用盐半两凉水和，如落索状。频入水，搜和如饼剂。停一时再搜，撅为小剂。豆粉为饽（粹），骨鲁摣捍圆，边微薄，入馅，蘸水合缝。下锅时，将汤搅转，逐个下，频洒水，火长要鱼津滚，候熟供。馅子荤素任意。（将白面一斤、盐半两与凉水和在一起，先搅成小颗粒状，一点点地加水调和成面团。放置约两小时。再和，掐成小面团。扑上豆粉，用擀面杖擀成圆形，边稍微薄一点，加入馅料，蘸水捏合。下锅时，搅动热水，逐个投下，要用大火，但须不时加水，让热水稍稍沸腾。煮熟后捞出。馅料可荤可素。）

这段记述大致可证明过去被称为馄饨的食品，就是今日的饺子。

[1]译者参考的文献（见书末），此项为“馄饨面”。——译者注

首先，馄饨的皮与面条使用的面团相同，要加碱水，而做饺子皮的面里加的辅料是盐，而不加碱水。其次，现在的馄饨皮是方形的，而饺子皮是圆形的。第三，做饺子时，加入馅料后只要将皮封闭起来即可，而做馄饨（云吞）要把皮封闭起来后再扭转黏合。第四，馄饨（云吞）必须放入肉汤等汤料中食用，而水饺是出锅后蘸着醋食用的。当然，这里所说的馄饨皮与饺子皮的制作方法差异是现代的情况。但从《居家必用事类全集》的记述中可得知，过去称“馄饨”的食物，基本上就是指水饺。这样的话，从上面的记述中可类推得知，《山家清供》中“椿根馄饨”所说的“馄饨”就有可能是饺子。

但麻烦的是，元代就已经出现与现代的馄饨（云吞）同样的食品了。元代倪云林的《云林堂饮食制度集》中有“煮馄饨”一项。这里暂略馅料的制作方法，关于馄饨皮的做法有这样的记载：“皮子略厚、小，切方。”（皮子可以擀得厚一点，切成小的方块。）没有提到包馅料的方法，不知道形状是怎样的，但从方形的皮这一点来看，与后世的馄饨（云吞）是一样的。这些问题还可再作探讨。

◇ 饺子名称变迁小考

接下来我们尝试考察一下煎饺的历史。煎饺，一部分地区也称为“锅贴”。与蒸饺相比，煎饺的起源可能要晚一些。《山家清供》中的“胜肉夹（铗）”条目是这样说的：

焯笋、蕈，同截，入松子、胡桃，和以酒、酱、香料，搜面作夹（铗）子。［用热水焯笋、蘑菇，切碎，加入松子、胡桃，同酒、酱、香料和在一起，然后用水和面做成夹（铗）子。］

从制作方法来看，分不清这是蒸饺、水饺还是煎饺。而且，也不能排除馄饨（云吞）的可能性。然而读了《中馈录》后就可知道“夹（铗）子”就是煎饺。

南宋《中馈录》有“油夹（铗）儿方”一项。“面搜剂，包馅，作夹（铗）儿，油煎熟。馅同肉饼法。”［和面，包馅，做成夹（铗）子，用油煎熟。馅同肉饼做法一样。］就是现在，煎饺的做法也是因人而异的，没有固定的煎制方法。一般来说，在平底锅中加油，小火煎制后加水，盖上锅盖，煎5～8分钟，是常见的烹饪方法。《中馈录》中只是简略地记录了一下，但用油煎制这一点是与后来的煎饺共通的。另外，皮不发酵、以肉作为馅料这一点也是同样的。

考察煎饺的起源，须涉及“角儿”这种食品，就是《居家必用事类全集》中提到过的“（食是）锣角儿”。

面一斤，香油一两，倾入面内拌，以滚汤斟酌逐旋倾下，用杖搅匀，烫作熟面。挑出锅，摊冷，擀作皮。入生馅包，以盏脱之[1]，作娥眉样[2]。油炸熟，筵上供。每分四只。（面一斤，香油一两，倒入搅拌，一点点倒入热水，看着面的干湿程度，用棍

[1]用盏作模子，将角儿的生坯压制成形后再倒出。——译者注

[2]女人弯弯的眉毛那样。——译者注

子搅拌。以烫水的热量做成熟面，挑出锅子，摊开使之凉下来，擀成皮。包入馅，用盏压成半月形。油煎熟，端上宴席，一份四只。）

不清楚“（食是）馊”的词源及词义是什么，从外形为半月形这一点来看，它与现在的煎饺相似。[1]

“角儿”是以外形为基准来划分的食品名，有“角儿”两个字的食品不一定全都是饺子。《居家必用事类全集》中有“驼峰角儿”“烙面角儿”等。前者是将黄油、羊油或猪油与小麦粉和成的面团，后者是小麦粉与加温后的水和成的面团。两者都是放入炉子里烤熟的食物，能保存较长时间。按现在的标准来说，属于“干点心”。比如“驼峰角儿”就像今天的“肉饺酥”，在百货商店的食品柜台上，是作为馅饼一类食品销售的，是与饺子完全不同类别的食品。

《梦粱录·荤素从食店》中列出了“鹅眉夹儿”“细馅夹儿”“笋肉夹儿”“油炸夹儿”“金铤夹儿”“江鱼夹儿”等食品名。梅原郁的注释这样解释：“叫作夹儿、夹食或是饺儿的食物，都是薄薄的两枚饼之间，像三明治那样的夹着馅料的食物。”不过从《中馈录》的“油夹（饺）儿方”的表述中可以看出，“夹儿”与“饺”“饺子”“角儿”相同，都是半月形的食品。馅料不是夹在皮当中，而是封闭在皮里面的。

[1]同为元代作品的《饮膳正要》中有“莳萝角儿”的条目，读音甚为相近，从“滚水搅熟作皮”的制法来看也有相似之处，不过内容较简略，未提及用油炸。——编者注

最后，广式早茶中半透明皮子的虾饺，一般不太算作饺子，给人的印象是没有太深厚历史的食物。广式早茶中的虾饺是什么时候才有的呢？读过与饮食相关的史料后，笔者意外地发现这种食物并不是新出现的。明代高濂的《饮馔服食笺》中有“水明角儿法”的条目。而《养小录》的“水明角儿”基本是同样的内容。下面看一下后者的制作方法。

白面一斤，逐渐撒入滚汤，不住手搅成稠糊，划作一二十块。冷水浸至雪白，放稻草上，摊出水。豆粉对配。作薄皮包馅，笼蒸，甚妙。（白面一斤，慢慢地倒入滚水里，不停地搅成稠糊，切割成10~20块。用冷水浸泡到雪白，放在稻草上，摊开去水，豆粉与面和在一起，做成薄皮，包馅。用蒸笼蒸，非常美味。）

这种制作方法在元代的《居家必用事类全集》中已经存在了。“薄馒头、水晶角儿、包子等皮”等项目中就记载了这种制作方法。

皆用白面斤半，滚汤逐旋糁下面，不住手搅作稠糊。挑作一二十块，于冷水内浸至雪白。取在案上，摊去水，以细豆粉十三两和搜作剂，再以豆粉作饽（粹），打作皮，包馅，上笼紧火蒸熟。洒两次水方可下灶。临供时再洒些水便供，馅与馒头生馅同。（都用白面一斤半，将煮沸的热水逐渐倒入面中，不断地搅拌成稠糊状。挑出一二十块，在冷水中浸到雪白。放在案上，摊开去水，用细豆粉13两捏和成面团，再用豆粉作扑粉，把面团擀成皮，将馅料包入其中，上笼用急火蒸熟。要洒两次水才能下灶。临上桌时再洒些水。馅料与馒头生馅相同。）

这不是制作饺子皮的方法，而是制作薄馒头等食物的面团时所用的方法。在这一记述中，食物的分量都正确地记录下来了，比起《饮馔服食笺》《养小录》来说更为实用。将小麦淀粉与豆粉混合起来后，做成的皮是半透明的。但这种做法有一个缺点，就是不能有效地分离出淀粉，所以要拌入豆粉。而现今的广式早茶的虾饺已不使用豆粉了，而是把小麦粉和成面团，然后放在水中洗，直至面筋和淀粉完全分离，沉淀在水里的就是淀粉，也就是俗称的“澄粉”。顺便提一下，《梦粱录·荤素从食店》中有“水晶包子”这样的食品，同类的皮最迟在南宋时已经出现了。另外，在《饮馔服食笺》中，馅是甜味的。

考察饺子的历史时，不要被各时代的名称所迷惑。如前所述，蒸饺和水饺的原型分别可以追溯到“笼上牢丸”和“汤中牢丸”，而这些食物在唐代的名称还不很清楚。很可能变成了“馄饨”或其他什么名称。宋代开始出现煎饺，蒸饺被称为“角儿”“夹儿”，煎饺被称为“铗”“铗子”。到了明代，又出现了“饺饵”“粉角”等新的名称。而到了清代，才有“水饺”“饺子”等与现代相同的食品名出现。

历史中，饺子的名称并不总是很清晰的。如前面提到的，有“馄饨”“饽饨”等称呼，方言中也许有更多不同的名称。清代薛宝辰的《素食说略》中有“饼”一项，其中谈到了煎饺，有以下的说法：“置有馅生饼于锅，灌以水烙之，京师曰锅贴，陕西名曰水津包子。”（用包馅的饼放入锅中，加点水煎，在北京称为“锅贴”，而陕西则称为“水津包子”。）清代以后，饺子也被称为“包子”，这让人大为吃惊。顺便说一下水饺，南方叫作“水角子”的就是北方的“水饺子”，这也是在《素食说略》中记载的。

袁枚《随园食单》“水饺”一项记录了以下的说法：“包肉为饺，以水煮之，京师谓之扁食，元旦则曰子孙饽饽。”（包肉做成饺子，用水煮熟。京师称为“扁食”，到了元旦则叫“子孙饽饽”。）“扁食”还好说，“饽饽”也是饺子的别称，这几乎从未听说过。

还有更有趣的。同样是饺子，在《随园食单》中另外有“颠不棱即肉饺也”一项。袁枚去广东时，写下了“吃官镇台颠不棱，甚佳”（品尝过颠不棱，味道很好）。当时广东的饺子是用英语的读法dumpling来称呼的，这让人大跌眼镜。顺便说一下，《随园食单补证》中关于“文饺”的记述：“苏州式也，以油酥和面，包肉为饺，烧熟之。杭俗则曰蛾眉饺。”（苏州式样，用黄油与小麦粉混合，包入肉馅成饺子，煎熟。在杭州俗称蛾眉饺。）而前面提到的《梦粱录·荤素从食店》中的“鹅眉夹儿”，也许就是“蛾眉饺”的前身。

谈到这里，可以看到饺子的名称由于时代的不同而有很大的差别，另外，在不同地区，其称呼也各不相同。考察时不要被名称所迷惑，首先应该明确的是制作方法。在本章开头曾提到，现在各地的饺子类称谓并不统一，形状和馅料也会因地而异。

最后谈谈饺子究竟是起源于中国，还是外来的这一难题。由于缺

图2-4 各式饺子

乏决定性资料，在目前的情况下任何见解都是出于推测或假设。在这样的前提下，笔者个人倾向于外来说。吐鲁番盆地的古墓里奇迹般地发现了唐代的饺子，但这并不能证明这是世界上最早的饺子。小麦、大麦、燕麦等均原产于中、近东地区。位于底格里斯河及幼发拉底河之间的美索不达米亚平原在公元前5000年就开始种植小麦，与之相比，中国的小麦种植要晚得多。而且在中国，小麦大多是套种作物，产量也就没有西亚或中亚高。一般来说，粮食的种植历史越久，以该谷物为原料而制成的食品种类也就越多。据此推测，饺子发明于西亚或中亚的可能性比较大。如前所述，从西亚的土耳其、阿富汗到中亚各国，都有类似饺子的食品，唐朝时，有可能只传播到吐鲁番盆地。那时有许多中西亚甚至中东的人到长安做生意，饺子类的食品被人带到长安的可能性不是没有，但知道的人不多。这样的推测比较合理。不过，关于饺子的由来、传播及发展过程，还有很多不清楚的地方。笔者期待今后有更多的资料发掘出来，会有更深层次的探究成果。

餐桌上的“民族大融合”

魏晋·六朝时代

“胡饼”的变迁

◇ 两千年前的西餐——“胡饼”

以各种史料为线索，跟踪面食推广的过程，可以基本搞清楚用面粉做成的饼状食物出现的时间。前文提到，公元前30年的文献中已出现“饼”，即用小麦粉做成的食物。通常我们所说的“饼”，即圆形扁平状的面食，是在汉代后期出现的。

形状像比萨[1]、馕之类食物的“饼”原本是从西域传来的食物，其中颇有代表性的是被称为“胡饼”的一种圆形的薄饼。根据《续汉书》的记载，汉灵帝喜欢吃“胡饼”，“胡饼”在当时的洛阳贵族中

---

[1]pizza一词，中文中有“比萨”“披萨”“匹萨”“批萨”等多种音译，这里采用这一食品的最有名连锁餐饮企业“必胜客”所用的“比萨”的译法。——译者注

广泛流行。灵帝好奇心很强，醉心于游牧民族的文化习惯。后世的史书中经常引用这则逸事，把这一现象说成是汉王朝被少数民族灭亡的前兆。《续汉书》也用这样的语气记述了这一情况，把喜欢吃“胡饼”当作被少数民族的精神所降服的一种表现。

但是，现在也没有搞清楚这种食物是由哪个民族传到中原的。人们知道它是用揉捏过的小麦粉摊成圆形烤制的，但在汉代的文献中找不到其制作方法。汉代的刘熙在《释名》一书中提到，“胡饼”上有芝麻。刘熙是东汉末年故去的人，在他生活的年代里就有在“胡饼”上撒芝麻的制作方法了。但除了这点记载，别的一无所知。

◇ 制作烧饼的“胡饼炉”

《齐民要术·饼法第八十二》[1]中的一章里，出现了“胡饼炉”这样的词。其中说到，在“炉”中制作“髓饼”时，须将揉捏后的面粉坯子贴到“胡饼炉”中，烤制时“勿令反复（不要将其翻来覆去）”。不过文中对于“胡饼炉”是什么样的东西、“髓饼”是什么形状的，并没有更多的记载。

现在我们吃的芝麻烧饼是在发酵过的小麦粉中放入葱花烤制出的扁平的饼。因为在饼表面撒上了芝麻，所以叫芝麻烧饼。烤到恰好金黄色出炉的芝麻烧饼，小麦粉烤后的香味与芝麻的香味四溢，中间柔

[1]北魏时期农学家贾思勰所著的农书。——译者注

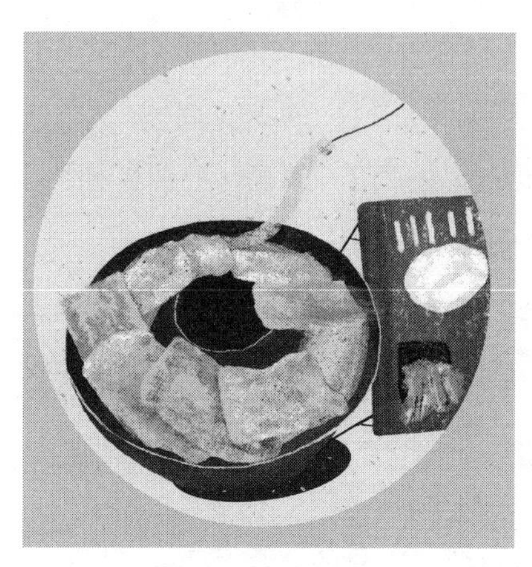

图3-1　现代的烧饼炉

软而外皮香脆，直到现在都是很受百姓欢迎的食物。烧饼有咸味和甜味两种，不知为何一般只在早晨食用。

仔细阅读《齐民要术》，就会发现当时的“胡饼炉”与现在的烧饼炉极其相似。现在的烧饼炉外形如铁桶，中间是圆台形的。上部的口小，直径约30厘米，底部的直径大约为60厘米（见图3-1），炉子底部烧煤。这样的形状可使炉子内部保持高温。把烧饼的坯子贴在炉子内侧，饼表面稍稍倾斜向下朝着火，就像在烤箱中烤制一样。这样的烤制方法与《齐民要术》中所记述的“髓饼”的烤制方法十分相似。“髓饼”被认为是“胡饼”的一种，可以认为，六朝时的“胡饼”和现在的芝麻烧饼非常接近。

◇ 史书中的“胡饼”

“胡饼”虽在汉代就出现了，但在各地流传开来，应该还是在东汉末年到三国时期。根据王粲《英雄记》的记载，三国时的名将吕布率兵进驻乘氏城时，城里的豪族李叔节的弟弟杀了牛，提着酒，做了一万只“胡饼”款待驻军。正因为饼食已经推广开来，“胡饼炉”已相当普及，才能一下子做出这么多的“胡饼”来。

“胡饼”不只在中原文化中心地区兴盛，也传入稻作地区。《晋书》卷八十二《列传五十二》中记载着以下的事：有个叫王长文的人很有学问，但一直拒绝朝廷的任何任命，不担任任何官职。之后离开了故乡，隐居在成都。某日，他坐在市场里吃“胡饼”时被人看到了。之后，王长文因为要赡养双亲，最终违背了初衷，于太康年间（280—289）入仕。当时的交通方式十分有限，从蜀地成都到都城洛阳，距离非常遥远，尽管如此，“胡饼”也已传入以稻作文化为主的蜀地。

即使到了唐代，“胡饼”仍然受到人们广泛的喜爱，是日常食品中的一种。公元755年发生了安禄山叛乱，次年，唐玄宗逃往蜀地。途中，经过咸阳的集贤宫，没有吃的东西。到了中午，唐玄宗已是饥肠辘辘。据《资治通鉴·唐纪三十四》记载，这时，杨贵妃的兄长、宰相杨国忠亲自买来“胡饼”，呈献给玄宗。这是烧饼已成为很多地方都能买到的日常食物的又一例证。

◇ 诗中的“胡饼”

公元772年出生、846年亡故的唐代大诗人白居易所写的诗《寄胡饼与杨万州》中，对“胡饼”做了这样的描述：

胡麻饼样学京都，

面脆油香新出炉。

寄与饥馋杨大使，

尝看得似辅兴无。

整首诗通俗易解，前两句大意是，“此地的胡麻饼学得和京城一模一样，刚出炉的饼，面脆油香”。后两句颇有点打趣的意味：“我看刺史大人已是饥肠辘辘、垂涎欲滴了，你尝尝这烧饼，味道与长安一带的有何不同？”诗中的“辅兴”一词有人解释为“辅兴坊”，而“尝看得似辅兴无”一句则被解释为“品尝一下味道，与辅兴坊烤制的烧饼有何不同”。

辅兴坊之说可能参考了《白居易集笺校》的注解“（辅兴）疑为长安辅兴坊之饼店”[1]。笺注者是一位严谨的学者，细读原文可知“疑为”乃存疑待考，而并未断言。这种从严治学的态度无可非议。

但更有人进一步断定“辅兴”是京师最有名的烧饼店铺，这就有问题了。因为此说貌似说得通，但没有提出任何有说服力的根据。长安的城区划分为棋盘状，一个长方形的住宅区域称为“坊”，四周有围墙。据元代李好文撰《长安志图》卷上说，“每坊皆开四门，中有十字街，四出趣门”（每个坊共有四个门，中间有一条十字形的通道，通向四个门）。20世纪50年代后的考古学发现也证实了这一

[1]《白居易集笺校》，白居易著，朱金城笺注，上海古籍出版社1988年12月版，第1165页。

点[1]。可见坊的面积较大，犹如城中之城，并非后人想象的那样，仅一条街而已。宋代宋敏求撰《长安志》卷十《唐京城四》里提到，皇城西边从第一街起，由北至南第一坊为修德坊，南面相邻的即为辅兴坊。景云元年（710），睿宗李旦第八女西城公主和第九女昌隆公主出家，睿宗为她们在辅兴坊的东南角和西南角分别建造了两所寺院。一所名为“金仙女冠观”，另一所名为“玉贞女冠观”。辅兴坊离皇城咫尺之遥，“车马往来实为繁会”（《长安志》卷十）。皇城附近的坊的重要性，只需举一个例子就可说明。据《长安志》卷十所载，辅兴坊北边的修德坊原名贞安坊，是武太后亲自改名为修德坊的。

长安城原则上是坊市分离的，城内有商业区域，即东市和西市。店铺只能开在东西两市里，不能开在坊里。当然或许有例外。但辅兴坊位于皇族高官往来频繁、寸土如金之处，很难想象坊里会开有薄利多销的胡饼店。即使有例外，这个例外也不会出现在皇上的眼皮底下。退一万步讲，即使辅兴坊里真有胡饼店，如此大的区域里也不会只有一家胡饼店。如有多家胡饼店，各家店的味道应不一样。白居易不可能用坊名来特指某种胡饼的味道。

那么这一诗句应如何解释呢？传六朝佚名撰《三辅黄图》曰，“三辅者，谓主爵中尉及左、右内史。汉武帝改曰京兆尹、左冯翊、右扶风，共治长安城中，是为三辅”。唐代杜佑撰《通典》也有类似

[1]见以下两项文献：①陕西省文物管理委员会：《唐长安城地基初步探测》，《考古学报》1958年第3期。②中国社会科学院考古研究所西安唐城发掘队：《唐代长安城考古纪略》，《考古》1963年第11期。

记述。后“三辅”一词泛指长安地区。如前述《三辅黄图》一书就是用图文并茂的方式来记录长安地区古迹的著作，唐代袁郊撰《三辅旧事》（《说郛》宛委山堂本卷六十收录）和清代张澍撰同名著作也是记述长安地区的地方志。

日本学者冈村繁采用此说，称“辅”即“三辅”，并考证“兴”为陕西省关中府略阳县的地名。他还指出，“兴”可能是杨大使的故乡。按照冈村繁的解释，这一诗句意为：“你尝尝这烧饼，味道与你故乡的有何不同？”[1]笔者认为冈村繁的解释比较有说服力，但解释为“故乡”似有过度解读之嫌。还是作“（陕西）长安一带”解较为合理。

白居易是从四川的角度来写这首诗的。第一句既然已经说明，送给你的饼是学京师做法烤制的，则最后一句相应的就是“（长安的胡饼有名，而你又是长安、关中一带的人，那么）尝尝和京师的味道是不是一样”。“京都”一词首句已用，因此末句用范围更大些的“辅兴”一词。如此比较说得通。

9世纪中叶访问长安的日本僧侣圆仁在《入唐求法巡礼行记·开成六年正月六日》中有“立春节，赐寺胡饼，粥时行胡饼，俗家皆然”的记载，大意是，立春赐予寺庙胡饼，吃粥时分发给僧侣，在场的非出家人也分到一份。这里也传递了一个信息：烧饼对僧侣或世俗的人来说都已成为日常食品。自汉朝末年以来已过去500多年，这种食物仍旧沿用着以前的名称。而在唐代，“胡”这个字似乎并没有带

[1]《白氏文集·四·新译汉文大系100》，明治书院1990年版，第150页。

着轻鄙的意味。

 面食登上主食的宝座

◇ 发酵法的出现

直到20世纪90年代，现代中国北方的主食在较长时间内是小麦粉，南方的主食是稻米。那么，中原地区是何时开始以小麦粉为主食的呢？确切的年代不很清楚，仅从史书中的记载来看，小麦面食的增加大约出现在东汉中期，三国时期北方地区面食就很普及了。面食成为主食的一个前提条件是像馒头、面包那样发酵食用。与发酵过的面食相比，像面条一类的未发酵的食品比较难以成为主食。

面粉的发酵法是什么时候发明的，尚无定论。一种说法认为在两三千年前就已存在了（万陵，1986），但似乎根据不足。关于馒头的起源，很多人都知道这样的故事：三国时期诸葛亮讨伐孟获时，为改变那个地方用人头来祭祀的风俗，用揉捏好的小麦粉包裹牛肉、猪肉或羊肉，上蒸笼蒸出食物用来代替人头（宋·高承《事物纪原》卷九）。但这种说法毕竟只是一个传说。

据《晋书》卷三十三《列传三》记载，西晋丞相何曾生活奢侈，他的车子、服饰极其豪华，对美食的追求绝不逊色于帝王。他吃“蒸

饼”时，一定要食物蒸熟膨胀后表面裂开一个“十字”。未发酵的小麦面食，无论烤还是蒸，应该都不会膨胀而裂开“十字”的，可以推想何曾吃的是加入酵母的面食。他是公元278年80岁时离世的，由此可以推测公元3世纪已经有发酵技术了。

◇ 酵母制作法寻迹

关于面类发酵方法，到了东魏（534—550）年间就有了明确的记录。贾思勰的《齐民要术·饼法第八十二》的“作饼酵法”中记载了发酵的工序。

酸浆一斗，煎取七升。用粳米一升着浆，迟下火，如作粥。（用水将一斗酸浆熬成七升。把浆混入一升粳米之中，用火慢煮，就像做粥一样。）

这里作为酵母引子的“酸浆”是粟或米发酵后产生的酵母原汁。有关这种液体酵母的使用方法，书中说明：“六月时，溲一石面，着二升；冬时，着四升作。”《食经》中明确写明酵母的制作方法，因而发酵法的发现还可以上溯一些时间。可惜的是《食经》已经散佚，成书的年代也不明确。

除了发酵方法，《齐民要术》中还介绍了制作“寒食浆”的方法。

以三月中清明前，夜炊饭，鸡向鸣，下熟热饭于瓮中，以向满为限。数日后便酢，中饮。因家常炊次，三四日辄以新炊饭一碗酘之。每取浆，随多少即新汲冷水添之。（三月的清明前，夜晚烧饭，到鸡要叫的时候，把熟热的饭盛到瓮中，盛到将满未满的程度。放几天后便发酸了，其间可饮用浆水。家里日常烧饭时，可每隔三四天加一碗新烧的饭再酿之。每次舀出酒浆时，就添加相应的新汲的凉水。）

这是现存最古老的酵母制作法的记载。但这里还有一个问题。实际上有远比上述方法简单的制作酵母的方法。现在中国的北方，普通家庭一般不特意购买酵母，因为家家户户都知道如何自制酵母。方法很简单，不需要什么技术。首先用水搅拌小麦粉，做成近似液体的柔软底料。像鸡蛋大小的这种底料放置几天后，其中的酵母菌就自然发酵成为酵母了。这种制作方法既不需要人工，也无经济成本。还有一种方法更简单，即每次发面时留下一小块作为酵母。不知为何《齐民要术》里没有提及，反而介绍了用粟、米制作的比较难的发酵方法。笔者曾百思不得其解，后经重现其制作过程，发现了原因。首先，在没有酵母菌的环境下，面团不容易发酵。此外，室温太低时，面也难以发起来。可见，《齐民要术》介绍的方法在古代还是很有用的。

◇ 登上祭坛的面食

面食在魏晋时期得到普及的另一个证据是，小麦粉制作的食品从晋代开始被用于祭祀活动了。汉代的不少史书里都有“饼”等面制食品的记录，却找不到祭祀供品用面食的记载。

而到了晋代（265—420），发生了很大的变化。晋代卢谌的《杂祭法》中，记载了供奉祖先的各种小麦粉食品。根据这本书中的记载，春天的祭祀用的是“馒头”“饧饼”“髓饼”“牢丸”等，夏、秋、冬也是同样的东西。但夏季还有“乳饼”，冬季的祭祀中另有“环饼”（有的版本称“白环饼”）（《玉函山房辑佚书·经编礼记类》）。

不仅是民间，皇室的祭祀也用到“饼”。据《南齐书》卷九《志第一·礼上》记载，永明九年（491）正月，皇帝下诏举行太庙的四时祭，供奉去世的宣帝时，供品是“面起饼”和鸭汤。这些食物是宣帝生前喜欢的，也证明供奉“饼”一类食物的习俗已经存在较长时间了。

顺便说一下，“面起饼”是小麦粉发酵后制成的食品，《南齐书》中的记录在时间上比卢谌的《杂祭法》稍稍晚一些，但确实能证明，“饼”类不仅出现在民间祭祀中，也是宫廷或王侯将相家的供品。

◇ 面食的五彩戏法

《杂祭法》中记载的“饧饼”是揉捏小麦粉做成的甜品，不太清楚是烤制的还是蒸制的，书中也没有解释外形是什么样的。

“髓饼”的制作方法在《齐民要术·饼法第八十二》中有详细的记录。首先，把牛脊髓中的脂肪加蜂蜜同小麦粉混合揉捏在一起，做成厚四五分、直径六七寸大小的饼，然后在“胡饼炉”中烤熟。这种饼含油（口感很柔软），不仅美味可口，而且能存放较长时间。

“牢丸”又称为“牢九”，是像现在的肉包子那样的食物。“乳饼”含乳制品，材料和制作方法均无详尽的介绍。

《齐民要术·饼法第八十二》中记载着名为“细环饼”的食物。它是将水、蜂蜜同小麦粉一起揉捏而制成的，没有蜂蜜时，可煮枣取其汁水代替，也可用牛、羊的脂肪，或用牛乳，这样做成的“白环饼”美味酥脆。但文章未具体细说制作的方法。“细环饼”与“环饼”只一字之差，也许是同一类的食品。参照后世的文献可知，“环饼”与其他的“饼”类是不同的。其做法是先揉捏小麦粉，做成细长的绳状物，然后放在油里炸制而成，现在被称为“馓子”或“油馓子”，在长江中下游地区很普及。

图3-2　环饼

日本的《拾遗集》卷七《物名》“四百十五番”中出现了“粔饼”，文中说，粔饼是“和米粉或麦粉，做成细长条子，然后弯曲成各种形状后油炸制成的点心”（小町谷照彦，1990），也许是中国的“环饼”制作法流传至日本的，中国是否也使用米粉，则没有详细记录，但现代的馓子或油馓子中是不加米粉的。

◇ 供物与主食

作为一种文化现象，祭祀时把主食作为供品是相当普遍的。不仅中国，在其他文化中也很常见。在中国的祭奠仪式中，无论祭祀神佛还是祭祀祖先，从祭品及祭拜仪式中，可以看出当时的饮食、穿着等生活习惯和风俗，如上香的顺序、身着的服饰、象征性的动作等。即便其中可能有一些夸张的部分，也不会脱离现实太远。故人不只在祭祖典礼上被当作神灵，也在祭祀的一段时间里被当作家庭的一员接回到家里。按照这样的设定，祭坛上供奉的食品也会依据故人在世时的生活习惯来选择。而祭祀仪式结束后，这些供品就成了餐桌上的菜肴。

向那些拥有神格的、去世的祖先奉献供品，是建立神与人之关系的重要手续。没有供品，神与人之间的交流就无法成立。从这个意义上，对人来说，祭祀时当然要供奉最重要的食品。

事实上，黍等粮食很久以前就在祭祀上使用了。《礼记》中也有需用白黍、黄黍来祭祀的记述。但用小麦粉制作的许多食品在祭坛上的出现，却是很久之后的事。在这之前虽然已经开始种植小麦了，但小麦尚未被用于祭祀。面食不仅渗透进饮食生活，而且成为供品的主角，是因为小麦粉食品在社会共同体生活中获得了重要地位，并成为主食之一。

◇ 主食的推陈出新

同是晋代文献，范汪的《祭典》中记载，小麦粉食品已被用于祭祀。在冬天的祭祀中使用“白环饼”等面制食品，这与《杂祭法》的记载是相吻合的。

有关谷物从颗粒状食用到磨成粉面食的变迁，董勋的《问礼俗》中留下了宝贵的证言。这本以问答形式写成的书中写到：有人问，七月七日是个好日子，为何饮食习惯与古代不同？董勋答，七月是黍成熟之时，而七日是奇数，以喝黍粥为佳。但眼下北方的人只准备了“汤饼”，不再喝黍粥了。

据《玉函山房辑佚书》记载，董勋是曹魏时期（220—265）的人，但也有人说他是东汉时期（25—220）的人，有关这一点尚无定论，但判断他生活在公元3世纪左右应无大错，也许他直接经历了从谷物颗粒状食用到磨成粉面食的转变过程。

写《杂祭法》的晋代的卢谌出生于284年，351年被大魏皇帝冉闵处死。由此，可推测《杂祭法》是4世纪前半叶撰写的。另外，写《祭典》的范汪也是晋代的学者，308年生，372年去世。《祭典》的成书时期与《杂祭法》大致相同。这样看来，到了公元4世纪，面粉食品已是祭祀时很上台面的供品了。考虑到祭祀用品与主食的关系，小麦粉成为中国北方的一种主食，大约要比这一时期稍早一些。

3. 游牧民族带来的菜肴

◇“胡炮肉”：羊肉的蒸炰

三国、六朝时代传入中原地区的“胡食”相当多（吕一飞，1994），有不少未被看作外来菜肴，或未被记录下来。尽管如此，仅《齐民要术》中明确记载是北方民族传来的菜肴就有五六种。《齐民要术·蒸炰法第七十七》中，对“胡炮肉”（蒸炰羊肉）的做法有以下的说明。

> 肥白羊肉——生始周年者，杀，则生缕切如细叶，脂亦切。著浑豉、盐、擘葱白、姜、椒、荜拨、胡椒，令调适。净洗羊肚，翻之。以切肉脂内于肚中，以向满为限，缝合。作浪中坑，火烧使赤，却灰火。内肚著坑中，还以灰火覆之，于上更燃火，炊一石米顷，便熟，香美异常。［肥白羊肉——生下刚满一年的小羊，宰杀后趁新鲜时，将肉切成细叶状，羊脂也同样细切。混

入豆豉、盐、剖半的葱白、姜、花椒、荜拨、胡椒等，调到合适的口味。把羊的胃（羊肚）洗干净，翻过来，将切好的羊肉和羊脂塞进肚子里，塞到九分满的程度，缝合羊肚。挖一个当中空的烧火坑，坑烧成红色，除去火灰。把羊肚放入坑内，将火灰覆盖其上，再在上面烧火，约煮一石米的时间，羊肚就熟了，色香味美，非同寻常。]

可见蒸炰羊肉做法虽复杂费事，但烤熟后香气扑鼻、味道鲜美，一般的煮、烤羊肉不能与之相比。《齐民要术》中并未特别说明这种烹饪方法是从外部民族那里传来的。但当时用“胡”字修饰的词语，几乎全都与西域或北方民族有关。考虑到这种用词习惯，“胡炮肉”也应是从外部民族那里传来的烤肉。

另外，这道菜的烹饪方法也是一个旁证。烹调这种“胡炮肉”时是不用锅子的。过着定居生活的中原地区的人不会想到这样的食用方法，也没有这种必要。而城市生活更没有这种烧烤环境。只有在游牧生活中才会产生这样的智慧。

这种烹饪方法在现代已不是很流行，笔者也未尝过蒸炰羊肉一类的菜肴。但相似的烹饪方法并没有完全绝迹。最典型的是“叫花鸡”：用荷叶将一只完整的鸡包裹起来，在外面涂上泥土，然后放在炉膛里烤。这是杭州的一道名菜，追根溯源，可能就是外部民族的菜肴传来后，受其启发，经过改良而形成的。

◇“胡羹”：羊肉葱头汤

汤是中国最古老的菜肴之一，不只是宴会或节日中不可缺少的食物，先秦时也是用来祭祀的供物菜肴。《齐民要术》卷八《羹臛法第七十六》介绍了各种汤的制作方法，其中出现了“胡羹”这样的菜名，并且详细介绍了其烹饪方法。“胡”当然是指夷、戎，即外来民族的意思。其他的汤菜都用“鸭汤”“鸡汤”“兔子汤”等食材的名字来命名，只有“胡羹”与“羌煮”的命名方法不同，应该是刚传来不久的新菜肴。

“胡羹”的主要材料是羊肉。取羊的排骨肉6斤（北魏时的1斤约440克），另外再加肉4斤，加4升水煮后，取出肋骨，切好。加“葱头”1斤、香菜1两（约27.5克），并加入安石榴汁数合[1]，煮出味道后，菜就完成了。[2]关于这里所说的“葱头”有两种说法，一种认为是葱，另一种认为是洋葱。后者原产于中亚，当时的洋葱很辣。后传入意大利、西班牙等南欧各国，经过品种改良，才有了今日带有甜味的新品种。这个新品种很晚才传到东亚各国。譬如，日本是在江户时代经长崎传入的。据此，洋葱一说是颇有疑义的。

但从这道菜的命名法以及“葱头”的使用量来看，至少可推测这种“葱头”不是一般的葱。因为如果仅是羊肉汤，历史上也有过。

[1]合，古代容量单位，一合为一升的十分之一。——译者注

[2]此处原文出于《齐民要术·羹臛法第七十六》：“作胡羹法：用羊肋六斤，又肉四斤；水四升，煮。出肋，切之。葱头一斤，胡荽一两，安石榴汁数合。口调其味。”——译者注

如《战国策·中山策》中有“羊羹”一词，那时就有将羊肉做成汤食用的方法，与“胡羹”的烹饪方法相比，并没有特别不同的地方。《齐民要术》中特地将其当作别的民族传来的汤菜来介绍，可能是因为羊肉与不同的蔬菜以及新的调料的搭配方式，而这种做法是前所未有的。

从做“胡羹”的材料来看，其中有作为作料的香菜，在原文中被称为“胡荽”，因它原本就是从西域传来的蔬菜。另外，根据《博物志》中的记载，石榴也是从西域传来的水果。但并不能仅因为使用了香菜或石榴，就认定其是外部民族传来的新式菜肴，应该还有其他原因。

值得关注的是相对4斤的肉，加了近半公斤的“葱头”（附带提一下，原文前后文中，“葱头”的单位不是“斤”，而是“升”）。多少会做一点菜的人都知道，用这么多“葱头”的话，“葱头”已经不是作料，而应该被看作蔬菜。总之，这个汤菜中要么有新的蔬菜，要么就是用了从未有过的与羊肉搭配的新烹饪方法，因而才会作为外部传来的菜肴介绍。

◇“羌煮”：鹿头炖猪肉

“羌煮”的主材料是鹿头和猪肉。首先，鹿头煮熟后，放入水中清洗，然后切成两根手指大小的肉块。把猪肉剁成肉馅，与鹿头肉和在一起煮成肉羹。切下葱白两寸，放入切碎的生姜和橘子皮各半合，放入少许花椒、醋、盐和豆豉，“羌煮”就做成了。用量是一个鹿头约配二斤猪肉。[1]

据《晋书》卷二十七《志第十七·五行上》记载，这道菜一时间风靡都城。这道菜受欢迎可能有两个原因：一是材料的珍奇与做法的新颖。鹿肉以往在中原地区也是食用的，但尚未把鹿头做成“羌煮”那样好吃的菜。羌族传来的这道菜中，鹿头是特别珍贵的食材。

另一个理由是当时生活水平提高，平民也能模仿特权阶层的生活了，这种菜肴便流行起来。鹿头作为食材，其数量是有限的，而且制作“羌煮”十分花人工。反过来说，能吃这种菜肴也是社会地位的象征。与现代人要吃燕窝、鱼翅同样的道理，当时的人们奢侈的象征就是品味“羌煮”。

◇“胡饭”：包着肥肉与蔬菜的卷饼

前面介绍的是烹饪方法，这里再谈谈外部民族传来的主食。“胡饭”就是其中的典型例子。《齐民要术》中介绍了“胡饭”的制作方法。

将腌制的酸黄瓜切成细长条，与烤熟的猪肥肉、生的蔬菜放在一

[1]此处原文出于《齐民要术·羹臛法第七十六》：“羌煮法：好鹿头，纯煮令熟。着水中洗，治作脔，如两指大。猪肉，琢，作臛。下葱白，长二寸一虎口，细琢姜及橘皮各半合，椒少许；下苦酒、盐、豉适口。一鹿头，用二斤猪肉作臛。”——译者注

起，用“饼”（烤熟的薄面饼）卷紧。两条并排，切两次，共六段，一段的长度不超过两寸。吃时要配以叫作“飘齑”的作料。[1]“飘齑”是切碎的“胡芹”和“蓼”拌入醋中制作而成的。“胡芹”有“滨芹”或“野芹菜”等称谓，另有“野茴香”的别名（《本草纲目》），也许是荷兰芹的一种。如“胡”字所表明的，也是从西域传来的作料。

“胡饭”在东汉末年的168—189年间已传入了中原地区。史书中记载汉灵帝很喜欢这种食物。吃面类食物时，配上醋对消化有好处。直到现在，中国人在吃未发酵的面、饺子、饼等时，经常配上醋。从这一点上推测，“胡饭”用的薄饼也是没有发酵过的。

图3-3 北京烤鸭

很有趣的是，“胡饭”直到现在还是日常食物。其卷法与馅料发生了变化，不同的地方各不相同，但用面粉做成薄饼，在其中卷上东西吃这一点没有改变。北京烤鸭的吃法也有这种食用方法的痕迹。

立春时节，北京的百姓有吃春饼的习惯。春饼皮一般做得很薄，根

[1]此处原文出于《齐民要术·飧饭第八十六》：“胡饭法：以酢瓜菹长切，将炙肥肉，生杂菜，内饼中急卷。卷用两卷，三截，还令相就，并六断，长不过二寸。别奠‘飘齑’随之。细切胡芹、蓼下酢中为‘飘齑’。”——译者注

据个人的喜好不同，放入各种肉类和蔬菜，卷起来吃。不发酵的烙饼也与“胡饭”在外形上有点相似。

不仅是北方，在上海等南方城市也有类似的食物：面粉里加水，调成黏稠的薄浆状。平底锅中倒入油，将调匀的面粉倒入，摊成薄饼。在饼上加酱，然后将油条卷入其中食用，在北方还加上大葱，是百姓早餐常吃的食物。

◇“貊炙”：羊的整烤

“貊炙”是魏晋时与“羌煮”一起传入中原地区的“西餐”之一，《盐铁论·散不足》中也提到过这个菜。据《晋书》卷二十七《志第十七·五行上》的记载，这种菜肴曾风靡一时，上至达官贵人，下至平民百姓，大家都非常喜欢吃。但详细的烹饪方法却没有记录下来。

《释名》中仅有“全体炙之，各自以刀割，出于胡貊之为也”［把整个羊烤熟后，用刀削着吃。是从外部民族的貊族那里传来的（菜肴）］的文字。有可能因为“全烤”这种烹饪方法自古以来就有，到了六朝后，人们已不再意识到这类食物是外来菜了。

《齐民要术·炙法第八十》一章中介绍了大量烤肉法，如烤牛背脊或烤羊、猪、鹅、鸭等，其中都没有将这些菜肴当作外来菜介绍，也没有介绍“貊炙”的制作方法。可能撰写者认为烹饪方法简单，已没有必要再做介绍了；也可能因这种菜肴已过了全盛期，不再引人注目了。详细原因就不得而知了。

现在成为粤菜的烤乳猪，在《齐民要术》中曾出现过。过去这是北方的菜肴，在北方失传后，却在南方扎下了根，而且成为南方的名菜，代代相传下来。

传入汉族的外部民族的食文化，有的按原样完整地被吸收下来了，有的则在漫长的岁月中被改良得面目全非或被淘汰。到现在还留存着的食物有“胡饼”（烧饼）、“胡饭”（薄饼卷）之类的东西。相反，“羌煮”或“胡羹”一类的菜肴已失传了。但这种烹饪方法经过改良，已融入后世的饮食生活。

丝绸之路带来的食文化交流

隋唐时代

1. 食狗肉风俗的变迁

◇ 狗肉到哪里去了？

唐代韦巨源所编的《食谱》中记载有所谓“烧尾宴”的菜谱，这是个非常豪华的宴会。这份菜谱并未包含所有菜肴，仅记述了当时比较珍奇的菜肴，共57个品名。虽未具体展示烹调的方法，但从列举的菜名上看，大致可推测所使用的材料。肉菜中除鸡肉、羊肉、猪肉、牛肉，还有蒸骡肉、兔肉汤、烤鹿舌、烤鹌鹑，直至狸、鸭、蛙等各种各样的菜肴。但不知何故，却不见狗肉做的菜。是因疏忽而遗漏了，还是仅看菜名无法了解其食材？若要验证这一点，需要查阅同时代的其他书籍。

唐代段成式的《酉阳杂俎·酒食》中列举了127种食物，其中包括菜肴和点心。与前面提到的《食谱》一样，其中既有用猪肉、牛肉、羊肉等制作的菜，也有蒸熊肉、猩猩的唇、烤獾肉等珍稀食物。但这份菜单中也没有看到狗肉。

《酉阳杂俎》并非专述烹饪的书，也许在记述菜名时会有偏颇。那么，再往前追溯一点，记载着很多菜肴和烹饪方法的《齐民要术》可做参考。

《齐民要术》卷九《作脺、奥、糟、苞第八十一》确实记载着狗肉菜肴。根据这一段记录，称为“犬牒”（按《说文解字》释义，“牒”意为“薄切肉”）的菜大致是这样做的：狗肉30斤（一斤约440克）、小麦6升，放入米酒6升，开大火煮沸三次后换汤[1]。再加入小麦、米酒各3升煮，煮到肉与骨头分开，取出切开。打30个鸡蛋在切开的肉里，然后把肉包起来，放入陶甑里，上火蒸。等蛋蒸干后，上加重石压住，隔一夜便可食用。

但《齐民要术》的记述中，也有些令人费解的地方。该书不仅记载了农作物栽培法、家畜饲养法等，还详细记载了大量的菜肴及各种各样的烹饪方法、食物加工法。但用狗肉做的菜，仅提到一道而已。而且，这道菜只是转载自已亡佚的《食经》中的记述。也就是说，旧的烹饪书中虽有狗肉，已不为当时的人所熟知，因而转录了古文献的记载。其他的肉类菜肴，如“鸡汤”“蒸羊肉”或牛、鹿的烧烤等，书中都是作为极日常的菜肴来介绍的，唯独有关狗肉菜肴的记载，却寥若晨星。

《齐民要术》记载的肉类加工及烹调的举例中，最多的是猪肉和

[1]此处原文为“煮之令三沸。易汤”，“易汤”或为去狗肉的骚味。——译者注

羊肉，各有37例和31例之多（熊代幸雄，1969）。与此相比较，关于狗肉的记载极少。这一点以前从未有人特别注意到，却是中国文化史上一个令人百思不得其解的谜团。

◇ 新石器时代的家畜

还是需要回顾一下吃狗肉的历史。

中国自古以来就有吃狗肉的习惯。据考古学的发掘，新石器时代遗迹中发现多处有狗的骨头。不仅在黄河中上游的中原地区，即使长江中下游地区也能看到这一现象。而且，各地的出土遗物，都证明狗是作为家畜来饲养的。

公元前4500年—前2500年，约持续了2 000年的仰韶文化在黄河中游地区空前繁荣。其遗迹中出土了猪、狗、野猪、羊、牛等动物的骨头，但被确认为家畜的仅猪和狗两种（中国社会科学院考古研究所，1990）。黄河中游的龙山文化继承了仰韶文化，自公元前2300年—前1800年，大约持续了500年的繁荣。在这期间家畜类增加了牛、羊、山羊（出处同上）。

而在黄河上游地区的马家窑文化（前3100年—前2700年）遗迹中则出土了牛、羊、猪、狗的骨头，但它们是否为家畜还没有得到确认。接下来的齐家文化（前2050±155年—前1915±155年），已有实物证明当时饲养了猪、狗、羊、牛、马（出处同上）。

河姆渡文化分布在浙江宁波、绍兴等长江下游平原地区，约存在于公元前4400年—前3300年，其遗迹中也“多处发现了猪和狗等两种家畜的骨头”（中国社会科学院考古研究所，1990）。公元前3100年—前2200年持续的良渚文化，农业发达，家畜中出现了水牛、羊等。可见无论南方还是北方，到了新石器时代，在全国各地都有了将狗作为家畜饲养的习俗。

当然，虽然狗成了家畜，但也并非一定被食用。但从新石器时代出土的家畜骨头的频度来看，按种类来比较的话，狗是比较高的。内蒙古、东北、华北、西北、华南等地区所出土的猪、羊、牛、狗、马、山羊、鸡等动物中，最多的是猪，共有73处遗迹中出土过；接下来是羊，共59处；第三位是牛，共57处；狗是第四位，有50处之多（横田祯昭，1983）。这当中包含家畜化前的羊和牛，因此，仅以家畜来做比较的话，狗所占的比重应更高。当然，狗和羊、牛不同，不太适合放牧式的大量饲养。尽管这样，在如此广阔的地域中发现如此多狗的骨头，比较合理的推断是一部分狗是供食用的。

◇ 文献中的狗肉

春秋战国时代之后，历史和每年的祭祀都开始有记录，因此，在各种各样的文献中可以看到吃狗肉的记载。

《礼记·月令》中根据阴阳五行说，规定了皇帝的服饰和饮食。“孟秋之月”一项中，有“天子……衣白衣，服白玉，食麻与犬，其器廉以深”（天子……着白衣，佩白玉，食麻籽和狗肉，食器是有棱角、很深的盛器）。从这里可知，狗肉是作为君主的礼仪食品而供奉的。

狗肉自古以来就是祭桌上的供品。据《说文解字》中的记载，古代汉语中“献”这个字就是把狗供奉在宗庙上的意思，由此用“犬”做偏旁。《礼记·月令》中还记载着皇帝八月的祭祀活动中的一个环节：“以犬尝麻，先荐寝庙。”意即，就着狗肉来品尝麻籽，品尝之前，先供奉宗庙。皇帝在祖庙祭祀祖先时，将狗肉作为秋季的供品，收获的麻籽作为作物的象征而供奉。

这样的祭祀方法不仅存在于权力中枢的宗教礼仪中，也可以在民间的祖先崇拜中看到。在《国语·楚语上》中可以看到“士有豚犬之奠，庶人有鱼炙之荐……不羞珍异，不陈庶侈”的记载。意即，祭祀时，士供奉猪和狗，庶民供奉鱼……不要供奉珍奇的东西，也不要排列很多供品。这是在家庙中的祭祀或祭祀逝去的亲人时所要掌握的原则，从中也可以看出狗肉与猪肉一样，不属于珍奇之物一类的供品。

前面已提到过，祭祀结束后，祭祀的人就拿供品来食用了，狗肉的情况也不例外。不仅如此，正因为狗肉是主要的肉食，日常经常食用，所以才成为祭祀的供品。

《周礼·天官》中有称作“八珍”的名菜，是用珍奇的食材制作的八道高级菜肴。这当中有叫作“肝膋”的一道菜。《礼记·内则》中记载，这是将狗的肝脏用猪的网油包裹，用火烤至略焦的极品菜肴。

狗是重要的食材，也是祭祀的必需品，因此宫廷里设置了饲养祭祀用狗的专门职位。《周礼·秋官》中将这一官职称为“犬人”。

不仅宫廷如此，民间也将狗肉作为摄取动物性蛋白质的重要营养来源。《孟子》中有“鸡豚狗彘之畜，无失其时，七十者可以食肉矣”（鸡、狗、猪等家畜，不扰乱它们养育的时节，70岁的人就能吃上肉了）这样的记载。鸡肉、猪肉、狗肉都是珍贵的食物，可见在食品的优先顺序上，狗肉是排在很前面的。

狗肉不但被认为鲜美可口，而且被视为高级食品。这么说是有根据的。譬如，当时有人把狗肉作为馈赠贺礼。《国语·越语》中描述了越王勾践战败后是如何致力于改进国内政治、充实民生福利的。其中有一段话说：“将免者以告，公令医守之。生丈夫，二壶酒，一犬；生女子，二壶酒，一豚。”意即，若有人报告产妇临盆，国家就派出医师守护。如果生男孩，就给两壶酒、一条狗祝贺；如果生女孩，就给两壶酒、一头猪祝贺。狗肉与酒、猪肉一起被看作高级食品。另外，考虑到当时重男轻女的观念，可以发现在越国所处的长江流域，狗比猪更加受重视。这是一则颇为耐人寻味的历史记录。

◇ “狗屠”是专职

战国时代有“狗屠”这样一种职业，以屠宰食用狗为生。正因为民间有吃狗肉的习惯，才有可能设立这种专门职业。

《史记·刺客列传》中描绘了因企图暗杀秦始皇而出名的荆轲。

某日，荆轲旅行到燕国，与一个以“狗屠”为职业的人和擅长击筑[1]的高渐离意气相投。荆轲好饮酒，每日与这两人一起在燕国的街上喝酒，喝到酒酣之时，就在街道当中，高渐离击筑奏乐，荆轲则和着乐曲引吭高歌，继而两人一起飙泪，如入无人之境。这里可以看出，战国时期吃狗肉是非常普遍的，以至于有人专门从事这样的职业谋生。

《战国策·韩策》中提到刺客聂政之事。某人请聂政暗杀其政敌，给了他一大笔金钱。但聂政说：“臣有老母，家贫，客游以为狗屠，可旦夕得甘脆以养亲。”意即，自己有年迈的老母，家境贫寒，从外地来此，以宰狗谋生，早晚能买些甜美松脆的食物，以赡养家母就可以了。婉转地拒绝了那个人。可见，“狗屠”虽是一种较为卑贱的职业，但也能得到相应的收入。

秦始皇统一中国后，吃狗肉的风俗并未见衰弱。汉高祖刘邦手下有一勇猛武将，名叫樊哙。他在加入刘邦军队之前就是一个“狗屠”（见《汉书》卷四十一）。也就是说，即使到了汉代，“狗屠”依然是一个蛮像样的职业。

管理狗的官职从战国时期开始一直设到汉代，只是其名字略有改动，称为“狗中”或“狗监”。《史记·佞幸列传》中就有记载，一个叫李延年的人，因犯罪而被施以宫刑，之后做了“狗监”，即管理

[1]筑，中国古代传统弦乐器，形似琴，有13根弦，弦下有柱。演奏时，左手按弦的一端，右手执竹尺击弦发音。起源于楚地，其声悲亢而激越，在先秦时广为流传。自宋代以后失传。1993年，考古学家在长沙河西西汉王后渔阳墓中发现实物，被称为“天下第一筑”。——译者注

皇帝的猎犬或祭祀用犬的部门的工作人员。

◇ 狗肉成为禁忌

至六朝以后，事情发生了很大变化。任昉（460—508）所写的《述异记》中记载着一则值得注目的故事。

六朝宋元嘉年间（424—453）吴县（今属苏州）有一个名叫石玄度的人，家里养了一条黄色的狗。有一天，这条狗生了一只白色的雄狗仔。石玄度的母亲异乎寻常地喜欢这条小狗。不久这条小狗长大，可以带出去狩猎了。每次小狗跟着主人出去打猎，石玄度的母亲就一直站在门口等着这条狗回来。某日，石玄度旧病复发，请医生来诊断。他一看医生开出的处方，上面写着白狗的肺，就到市场上去买，但哪里也买不到。没有办法，他只好回家将家里所养的白狗杀了。石玄度的母亲就在狗被杀掉的地方又蹦又跳，号啕大哭，倒在地上又跳起来吵，搞得家里鸡犬不宁。这样的状态持续了数天。石玄度将狗的肺用来做药，狗肉则邀请客人一起吃了。石的母亲将丢弃的骨头一一捡起，全部埋在后院的大桑树之下，而后一个月里，每日朝着树呼唤狗的名字。而石玄度的病并未见好转，终于到了不治之时。临终之时他多次说到，狗的肺一点也不起作用，不应该杀这条狗的。看到此情景，石玄度的弟弟石法度发誓今后再也不吃狗肉了。

不能吃狗肉，否则将遭罚，这很明显是汉民族文化中新的动物观，是以往没有的饮食习惯。但这样的习惯是从何时何地开始的呢？

小说中描绘的动物形象，并非与现实生活完全无关，也不是无缘无故突然出现的。六朝志怪小说的内容，虽然看起来荒诞不经，但著述者原意是记述真实的事，至少作者本人是这么认为的，只不过听起来有些离奇而已，也正因为作者认为不可思议，才记述下来。因此后世人读起来会感到有点荒诞不经，但上述作品中描述的人对狗的感情以及对狗的印象，则说明吃狗肉的文化发生了很大的变化。

事实上，从六朝时期开始，日常生活中已出现了宠爱狗的现象。据《三国志》卷四十八《孙皓传》的注中引用的《江表传》的记载，一个名叫何定的人，为讨好孙皓，命令将校给孙皓献上好狗。将校们不远千里，出门寻购好狗。他们买来的狗，一条的价钱相当于数千疋[1]的丝绸，连狗脖子上挂的带子也要一万钱。另外，为照看一条狗，要专门配一个士兵。狗一下子成为珍贵的宠物。当然，将狗作为宠物来饲养的习惯以前并非不存在。《战国策・齐策》中曾提到孟尝君“宫中积珍宝，狗马实外厩，美人充下陈”。但在《礼记・曲礼上》中也有“犬马不上于堂”的礼规。那时还未曾见到像孙皓或讨好他的部下们那样对饲养宠物狗的热情。出现这种现象，只能推测中国文化中发生了某种变化。

[1]“疋”同“匹”，一疋约13.3米。——译者注

◇ 游牧民族的爱宠

东汉覆灭后，中原地区陷入极度混乱之中，内战频繁。鲜卑族利用这个机会逐渐扩大了势力范围。晋灭亡后，鲜卑北魏政权统一了中国北方。其统治范围涉及现在的山西、河北、山东、河南、陕西、甘肃、辽宁以及四川、湖北、安徽、江苏的部分区域。鲜卑族是游牧民族，饲养狗是为了狩猎，因此习惯上是不吃狗肉的。

《北史》卷五十二《齐宗室诸王下》中有南阳王高绰的传记。高绰非常喜欢波斯狗，一日，他见到抱着孩子的妇人走过，竟然夺走孩子喂波斯狗。那妇人大声号哭，高绰发怒，让狗咬那妇人，这狗不听主人的话。他在妇人身上涂上小孩的鲜血，狗才扑上去撕咬。

波斯狗名为波斯，但究竟与西亚波斯有何种关系，并不十分清楚，当然，来自西域的可能性还是很大的。《大汉和辞典》中将波斯狗解释为“狆”，这显然是误解。“狆”是中国原产的小型狗，不要说大人，连小孩也吃不了。能撕咬活人的狗，其体格一定是很大的。

北齐后主高纬也十分宠爱波斯狗，《北齐书》卷五十中记载着“犹以波斯狗为仪同、郡君”。意即：高纬非常喜欢狗，甚至赐给雄波斯狗相当于最高职位的爵位，赐给雌波斯狗女性最高爵位。

据史书记载，北齐皇帝是渤海人，但长期定居于北方，风俗习惯与鲜卑族完全相同（《北齐书》卷一）。作为游牧民族，鲜卑族对狗抱有一种特别的感情，这点是不难理解的。因此推之，北齐的皇帝高纬、南阳王高绰如此出格地喜欢狗，也是有据可循的。

◇ 从佳肴到宠物

不仅鲜卑族，中国西北地区的其他狩猎民族，在这一点上也是相同的。对于游牧民族来说，狗是生产工具，也是他们的朋友。吃狗肉是难以想象的野蛮行为。这种情况可以从祭祀的供品中看出来。比如，突厥人在祭天时，将羊和马作为供品（《隋书》卷八十四《突厥传》），但不供奉狗。根据突厥族的古老传说，他们是狼的子孙，而实际上他们也将狼作为自己民族的图腾（出典同上）。因而他们是不会吃与狼有亲戚关系的狗的。

从六朝到唐之间，突厥族、羌族、氐族、乌孙族以及其他西北地区的民族与汉族之间有着广泛的交流，在建立少数民族政权的同时，有很多非汉族的人移居中原。汉族人吃狗肉的习俗对他们来说是无法接受的违背道德的行为。不难想象，在移居汉族文化圈后，他们也将喜欢狗的风俗带了进来。特别是在他们作为统治民族君临中国北方时，厌恶吃狗肉的习俗肯定给汉民族文化带来了很大的影响。

正好在同一个时期，印度佛教已经传到了中国。北魏的第三代皇帝太武帝以废佛毁寺而知名，但第一代皇帝道武帝是对佛教十分虔诚的信徒。佛教的清规戒律数不胜数，不要说狗肉，其他任何肉食都是要禁戒的。佛教传播到中国后，吃狗肉的习俗势必受到更大打击。

唐代的孟诜著有《食疗本草》一书，专门描述食物作为药有哪些功效，其中也提到了狗肉。作者在书中感叹道，奇怪的是近来人们都不知道如何来烹调狗肉了。肥硕的狗，血也很鲜美，是不能丢弃的，但现在的人吃狗肉时，把血都丢掉了，这样，药效就没有了。从这里可知，连庶民都忘掉了狗肉的食用方法，证明吃狗肉的人已经大幅度减少了。

另外，即便是吃狗肉，也出现了各种各样的禁忌。根据《食疗本草》所记载，狗肉是不能烤着吃的，也不能与大蒜一起吃，瘦的狗不适合食用，孕妇不能吃狗肉，其他还有如九月份吃狗肉会有损健康等的说法。

毫无疑问的是，从那个时代开始，吃狗肉的习俗日益受到蔑视。《酉阳杂俎》续集卷一中有个故事，描述了一个名叫李和子的流浪汉。故事中说“和子性忍，常攘狗及猫食之，为坊市之患”（李和子性情残忍，经常偷盗别人的狗、猫食用，街市上的人都十分讨厌他）。从这里可以看到吃狗肉已被认为是残忍的行为。这段叙述中甚至写道，李和子因吃狗肉和猫肉，最后被阎罗王招去，丢了一条性命。这个故事带了点说教成分，将吃狗肉的行为作为因果报应来阐述。

考虑到这样一些情况，唐代烹饪书籍中没有提及狗肉，应是不足为怪的了。可以推断，在六朝至唐代期间，吃狗肉的风俗发生了很大变化。虽然不能断言唐代以后中国的所有地区都不吃狗肉了，但在主流饮食文化中，狗肉已经遭到了排斥。

而其后多次的战乱中，部分汉民族不断向南逃亡，他们把吃狗肉的习惯带到了南方，最后，在广东等地扎下根来。还有一种可能就是，在番禺定都建立的南越国的一批汉族人及其后裔，没有受到北方游牧民族文化的影响，而把吃狗肉的习俗一直延续下来了。

◇ 狗肉有害论

到了宋代，吃狗肉的旧习进一步衰退，翻开任何一本烹饪书，都已经没有狗肉菜肴了。介绍佛教素斋的《本心斋蔬食》当然不用说，《山家清供》《中馈录》《玉食批》中也看不到。而《膳夫录》中出现的“八珍”也不过是《周礼》的转录而已，并不是当时实际被食用的菜肴。因而虽有菜名，却一点也未涉及烹饪方法。另外，《东京梦华录》中出现了很多菜肴的名字，但也同样看不到狗肉餐食的影子。

元是蒙古族统治的王朝，作为游牧民族的蒙古族自然也不吃狗肉。纵使宋代还留存着吃狗肉的风俗，到了元代也肯定受到了进一步的打击。

被推定为元代作品的《居家必用事类全集》中出现了猪、牛、羊、马、兔、鹿、骆驼、虎、獾、骡、熊等各种食材，却看不到狗。同样是元代作品的《饮膳正要·兽品》中出现了狗，但仅作为药材来介绍，菜肴介绍中完全没有涉及。此书的《同食》一节中也未出现狗肉。

从以上所述可以推断，当时的日常生活中，狗肉已从餐桌上基本绝迹。另外，从记述的内容上看，《饮膳正要》与唐代的《食疗本草》十分相似，即两书都记述狗肉有一定药效，但很多情况下是不能吃的。

同样是在元代出现的贾铭的《饮食须知》中提供了对了解狗肉食用史的变迁意味深远的史料。这本书从养生的角度论述日常饮食对维护健康、治病有怎样的效果。书中在《狗肉》一节中长篇叙述了狗肉对身体如何有害。最后，作者在文章结束处写道："犬智甚巧，力能护家，食之无益，何必嗜之？"（狗不但聪明，而且能够看家，但食用的话对身体毫无好处，那么有什么必要再吃它呢？）作者贾铭是浙江省人，元代曾做过官府的当差。他生活的时代已以营养上、健康上的理由否定了吃狗肉。这同时也是不吃狗肉的风俗已扩展到长江下游地区的证据。记录江南地区家庭菜肴的《中馈录》里也没有出现狗肉菜肴。

马可·波罗旅行到杭州时，为该城市之大及富足而吃惊。他写道："这个城市所有的食品都极为丰富。譬如兽肉有黄鹿、小鹿、雌鹿、兔子、野兔等，鸟肉有鹧鸪、野鸡、鹌鹑、鸡、阉鸡等，另外湖河里饲养着鸭和鹅，其数量都多得简直不可言喻。"（爱宕松男译，1970）马可·波罗到过中国许多地方，也有机会观察元朝皇帝的宴会，但他在书里没有提到吃狗肉的风俗。

◇ 吃狗肉为何下贱

明朝虽说是汉民族的王朝，但也没有恢复吃狗肉的风俗。明代的书籍，比如高濂的《遵生八笺·饮馔服食笺》，还有《群物奇制·饮食》，里面也没有出现狗肉菜肴。

利玛窦长年在北京居住，但在《基督教远征中国史》中也没有看到有关中国人吃狗肉的记载。如果他目睹了这种风俗的话，是不会不做记录的。

同一时期，访问明朝的加斯帕尔·达·克鲁斯（Gaspar Da Cruz）在他所写的《十六世纪华南事物志》中有以下的证言：

> 沿着广州的城墙，有一条都是饮食店的街道。那里的饮食店都在卖切成四块的狗肉，有的是烤熟的，有的则是生的。另外，剥了皮的、还留着两个耳朵的也放在柜台上。这种剥皮的方式与乳猪的方式一样。狗肉是下贱的人吃的食物，在市场里到处有关在笼子里的活狗在出售。（日埜博司，2002）

在还保留着吃狗肉习惯的广东，也是只有下贱人才吃狗肉。克鲁斯是葡萄牙来的多明我会修士，出生于葡萄牙南部城镇埃武拉，出生年月不详。埃武拉是埃武拉区首府，是一座历史悠久的古城，其文化可追溯到罗马时代。克鲁斯早年在离里斯本不远的圣多明戈斯修道院加入多明我会，成为该会派的修士。1548年，他和12名修士一起从里斯本出发，前往葡萄牙的殖民地东印度，此后在印度西岸一带传教。1554年，他前往马六甲，在当地修建了多明我会修道院。1555年9月，他不顾周围同事的反对，毅然乘船前往柬埔寨。出乎意料的是，在那里他没有任何收获。就在这时，他听说中国人很富有理性，是最适合成为基督徒的。于是，他立刻决定前往中国。1555年底，他抵达珠江河口，由此溯河而上，途经江门进入广州城。当时明朝实施海禁政策，严格禁止外国人入境。克鲁斯在广州逗留了一个月后，不得已离开中国，重返马六甲。1565—1569年他回到了故国葡萄牙。1570

年，克鲁斯撰写的《十六世纪华南事物志》在葡萄牙出版，介绍了他在广州逗留一个月期间的所见所闻。根据克鲁斯的著作，广东人最喜欢吃的肉是猪肉，是消费得最多的肉类。

◇ 忘却了的美味

即便是到了清朝，这一情况也没有改变。清代离现代比较近，因而有很多烹饪书都保存下来了。但《养小录》《食宪鸿秘》《随园食单》《醒园录》《浪迹丛谈》《随息居饮食谱》等书中的任何一本都没有记载狗肉菜肴。李渔的《闲情偶寄》的饮食部分出现了狗肉，其中有值得注意的一段记录。

> 猪、羊之后，当及牛、犬。以二物有功于世，方劝人戒之之不暇，尚忍为制酷刑乎？略此二物，遂及家禽，是亦以羊易牛之遗意也。[说了猪、羊以后，还需要谈谈牛和狗。这两种动物在人世间是有功的，劝说大家不要去吃它们，实在是很难忍受（对它们）用酷刑（烹饪）的方式。因而这里就省略这两种动物，接着来谈谈家禽的食用吧，或许是与以羊代替牛的用意一样的一种选择。]

从上面的引文可推断，当时已经不存在吃狗肉的风俗了；但也可能正是因为还有人在吃狗肉，所以才写了上面这段话。由此可以得出两种完全不同的结论，但真相究竟又是如何的呢?

夏曾传（1843—1883）是晚清的文士，不仅学问知识博达，而且对饮食非常精通。他增补了袁枚的《随园食单》，添加了各种菜肴的历史、变迁，完成了《随园食单补证》。在“狗肉”一项中，他记录了如下的文字：

> 丐者食狗肉，闻其味绝佳。瘵疾食之可愈。又闻粤东呼为地羊，士人亦食之，而他处皆以为讳。考古人本皆食犬，载在经典，不知何时始戒之，至以为耻。（乞丐吃狗肉，其香味非常诱人。有病时吃狗肉可以治病。另外，广东等地称之为“地羊”，据说文人学士也争相品尝。但在其他地方都被当成禁忌。查阅文献可知，古代人原本是吃狗肉的。这种情况在儒学的经典中也得到了明确的记载。不知何时开始人们不再吃狗肉，甚至吃狗肉变成一桩可耻的事了。）

看了这段文章，就真相大白了。到了清代，除了广东等地，其他地区都不再吃狗肉了。作为药用可能有例外，一般来说，狗肉已下降为只有乞丐才会吃的下贱食品。而且，日常生活中吃狗肉，会被认为是不知羞耻的。夏曾传也感觉不吃狗肉这件事有点不可思议，他可能做梦也没有想到是因为北方游牧民族的南下，才造成了这样的文化变迁。

2. 丝绸之路传来的调味品

◇印度来的辣味

胡椒是现代中国菜肴里不可缺少的调味料之一，但它不是中国原产的。唐代段成式的《酉阳杂俎》中有以下的记载：

> 胡椒，出摩揭陀国，（中略）至辛辣，六月采，今人作胡盘肉食皆用之。（胡椒出自印度的摩揭陀国……非常辛辣，可以在六月采摘，现在的人做胡盘肉食时都用它。）

图4-1　胡椒

但胡椒不是在唐代才传入中国的。《齐民要术·种椒第四十三》引用《广志》中的记载，有“胡椒出西域”的说法，可见六朝时胡椒就已经传入中国了。但该记载并没有明确指出胡椒是从西域的何处传来的。

关于胡椒的记录还可以再往前追溯到《齐民要术》之前的《后汉书》。《后汉书·西域传》中有以下记载："天竺国，……又有……诸香、石蜜、胡椒、姜、黑盐。"可见，汉代就已经知道胡椒是出产于印度的了。

《齐民要术》中有三处提到了胡椒的使用。作为酿酒的原料有两例，在《笨曲并酒第六十六》的"胡椒酒法"和"作和酒法"中都记录了以胡椒作为酿酒材料的制酒法。

《蒸缹法第七十七》的"胡炮肉法"中可以看到在肉菜中使用胡椒的例子，胡椒是羊肉预煮时要使用的一种香料。这种菜前面也介绍过，从菜肴的名称就可以看出这个菜是从西域传来的。胡椒也是与西方的烹饪方法一起，从西域传进来的。对照《酉阳杂俎》中的记载，可知胡椒即使在唐代时，也是用来做"西式"肉菜时使用的。引文中的"胡盘肉食"是什么菜并不很清楚，从菜名中可以想象是西域传来的。现代中国，在菜肴中使用胡椒是十分平常的，但在胡椒引进的当初，只用在外来的菜肴中。

◇ 波斯来的香料

与胡椒齐名的荜拨是同属于胡椒科的香料。《魏书》卷一百二《西域》中，荜拨与胡椒、石蜜等一起被记载为波斯的物产。但在"南天竺"，即印度一项中，却并没有关于荜拨的记录。《魏书》以后的史籍中也有相似的记载，《北史》《隋书》《旧唐书》等都记载了荜拨是波斯的特产。

《齐民要术》中记述了在肉菜中使用荜拨这种调味品的例子。前面提到的“胡炮肉法”中，荜拨与胡椒一起作为羊肉菜肴的调味品而被使用。《酉阳杂俎》卷十八中关于荜拨有这样的记述：“荜拨，出摩揭陀国，呼为荜拨梨，佛林国呼为阿梨诃咃。”［荜拨，出自（印度的）摩揭陀国，称为荜拨梨，叙利亚称为阿梨诃咃。］“荜拨梨”是胡椒的一种，在印度也是酷热地区的产物（今村与志雄，1981）。

然而，之前的史书中为什么都记载胡椒或荜拨是波斯的产物？这也许与胡椒一类香料的贸易方式有关系。胡椒或荜拨的原产地是印度，却是经过波斯商人的贸易活动而传入中国的（长泽和俊，1987），因此，就被误解为是在波斯出产的了。

◇ 反客为主的陈皮

作为调味品，橘子皮（中药上指晒干了的橘皮，也包括柑皮和橙皮，又称为陈皮）比胡椒使用得更为广泛。《齐民要术》卷十将其记录为中国以外的产物，可见当初是把它当作外来香料的。《齐民要术》中记载有53种菜肴中使用干的橘皮，其中的三例是同橘叶一起使用的。还有使用橘汁作为调味品的例子。本来橘是食用柑橘类的总称，包含各种种类，自然也有中国原产的橘。为何在《齐民要术》中被看成外来的香料，原因不太清楚。《齐民要术》中，鸭汤、羊蹄

图4-2　日本柚子

汤、黑鱼汤等几乎全部的鱼、肉菜肴中都使用了橘的干果皮，用来去除腥味。从这些情况可以推测，中国原产的橘子同外来的柑橘类有很大的不同。

在日本有一种叫“柚子”的果实，和中国的柚子完全不一样。它外形和橘子很像，但没有果肉，皮很厚，烹调时切片作为香料。这种“柚子”的学名为“Citrus junos”，是唐朝时从中国传到日本的。关于它的原产地有两种说法，一种说法是产于长江上游，另一种说法是源于西域，至今尚无定论。从《齐民要术》的记述可知，当时的人认为是从西域传来的。

《酉阳杂俎·酒食》中菜单里有“熊蒸”这道菜，但没有提示烹饪方法。《齐民要术》卷八《蒸缹法第七十七》中记载了同样名为“熊蒸”的菜肴的制作方法。其配方中包含薤头、陈皮、胡芹、小蒜等调味料。《酉阳杂俎》中唐代的“熊蒸”也许使用了同样的调味品。可以推测，在漫长的历史过程中，外来的橘子在中国扎下了根，陈皮广泛地在各种菜肴中使用，人们都已经意识不到这是别的地区或国家所传来的调味品了。

◇ 喧宾夺主的大蒜

大蒜作为烹调香料在中华料理中的地位是不可或缺的。晋朝的张华（232—300）在《博物志》中有“张骞使西域，得大蒜、胡荽”的记载。原书已散佚，现在遗留下来的是后人将分散在别的史籍里的记载编辑在一起的内容。《齐民要术》也引用了上述的记述，也就是说，至少在《齐民要术》出现的6世纪中叶，许多人已经知道大蒜了。

同是晋朝的惠帝（290—306年在位）时的太傅（行政三首长之一）崔豹在《古今注》中有“胡国有蒜，十许子共为一株，箨幕裹之，名为胡蒜，尤辛于小蒜，俗人亦呼之为大蒜”（胡国有蒜，10多个小蒜瓣形成一株蒜，有两层皮包着，称为胡蒜，比小蒜辣，一般人称为大蒜）的记载。从这些记载看，六朝时普遍认为大蒜是从西域传来的。

然而，虽然大蒜作为植物传入了中国，却并没有马上在一般的菜肴中使用。烹调香料与肉类、蔬菜不同，存在着是否适合食材的问题。而在这之前，中国有称为“小蒜”的香料。如果食材和烹饪方法不变，就没有必要先使用外来的调味品。西域传来的大蒜，恐怕是后来因为在外来的菜肴中使用了，才形成在中国传播开来的契机。

大蒜作为烹调香料一旦被人们认可了，就也会在原有的菜肴中开始使用了。《齐民要术》中的“八和齑（八种作料混合的调味汁）”的配方中出现了大蒜，是“脍（醋拌菜）”的调味汁中的一种，食材是以前一直用的鱼肉。这是用新的调味汁来调原有菜肴的尝试。

《作鱼鲊第七十四》中“作猪肉鲊法”中也出现了叫作“蒜齑”的调味品。另外，《羹臛法第七十六》中以猪肠子为材料的菜肴中用了切细的大蒜。还有，《素食第八十七》的“蒸蘑菇”这道菜中，在肉菜预煮中使用了剁碎的大蒜。《齐民要术》中只举了以上这四个例子，而实际菜肴里应该还有很多用法。另外，还有将大蒜同以前用的小蒜并用的例子。也许在实际使用中，人们发现外来的大蒜有着原有的小蒜所没有的调味效果。

以上所举的使用大蒜的菜肴中，应注意的是，其中没有任何一种外来的食物。从西域传来的大蒜也在原有的菜肴里开始使用，从而大大地促进了大蒜在中国的大量栽培。

《酉阳杂俎》卷十八记载，“阿魏”是西域传来的作料，一种被子植物，生长于戈壁滩或荒山，其树脂部分可入药，原产于阿富汗的加慈尼、北印度、波斯。元代《居家必用事类全集》中记载，阿魏放入坏了的肉中一起煮，臭气就会消失。另外，明代的《群物奇制・饮食》中写到，在煮透的猪肉中使用白梅阿魏或醋或青盐（中国西南、西北产的盐）一起煮，肉能很快煮软。作为调味料，阿魏后来在餐桌上销声匿迹。《本草纲目》里只作为药品来记述了。

3. 西域传来的食物

◇ 唐代的“胡人”与“胡食”

《旧唐书》卷四十五《舆服志》记载了唐开元年间的时尚，颇为新奇。“太常乐尚胡曲，贵人御馔，尽供胡食，士女皆竟衣胡服。”（宫中担任乐曲演奏的人喜欢弹奏异族的乐曲，有身份地位的人的饮食多用异族的食物，上流阶级无论男女，都穿异族的服装。）这是十分有名的记载，直到现在都在不断地被引用。然而，其中提到的“胡食”是什么呢？从汉代到隋代的史书中出现的“胡食”是否为同一种食品？关于唐代的“胡食”，迄今为止有多项研究（向达，1957；古贺登，1970；吕一飞，1994），但对于这一点都未言及。

以唐代的“胡食”为例，一直被引用的是释慧琳（737—820）的《一切经音义》卷三十七的《陀罗尼集》第十二释中的记述：“胡食者，即油饼、饆饠、烧饼、胡饼、搭纳等是。”[1]的确，这是唐代当时最为权威的解释。但也还是未涉及与过去的“胡食”有何不同的问题。有人认为唐代的“胡食”是从波斯传来的，但可以这样一概而论吗？

本书的第三章曾提到，汉灵帝非常喜欢胡饭和胡饼，这里的

[1]此句见《一切经音义三种校本合刊》，徐时仪校注，上海古籍出版社2008年版，第1154页。——译者注

“胡”明显是指北方民族。然而，唐代的文献中出现的“胡食”是指什么呢？

据《新唐书》卷八十《太宗诸子》中记述，唐太宗的皇太子李承乾醉心于“胡族”的文化习惯，从服装、发型到音乐、武术，全都学“胡人”的样式。他自己也居住在游牧民族的帐篷里，烹调羊肉，用刀切肉食用。而其中的“胡人”指的是什么人呢？原文中有“好突厥言及所服”的记载，很明显，“胡”是指突厥族。

然而，本节开头引用的《旧唐书》卷四十五记述的开元年间（713—741），离李承乾成为常山王的武德三年（620）有约90~120年的时间。根据《旧唐书》的记载，这百年间，风俗习惯发生了很大的变化。武德、贞观年间，宫廷的女性外出时要遮掩身体，而在武则天之后逐渐发生了变化。到了开元年间，她们都骑着马，戴着少数民族的帽子，不再遮住自己的脸（见彩图8）。另外，名为“奚车”的契丹族的座车，开元、天宝年间在都城中十分流行。另一方面，来自波斯等中亚及西亚的商人通过丝绸之路陆续进入大唐，带来了那里的物品及风俗习惯（护雅夫，1970）。其中粟特商人和波斯商人特别引人注目。粟特人原来生活在中亚地区的泽拉夫尚河流域，是说波斯语的古老民族。据传，这个民族很善于经商，常年往来于丝绸之路上，其事迹很早就见于史载。日本有学者经考证认为，安禄山就是粟特人。

在这期间，汉民族与其他民族交往的方式和文化交流的模式发生了根本性的变化。这之前，其他民族与汉民族主要在居住区接壤的地方会面、交往。民族间有时冲突，有时融合，主要围绕着领地的争夺或生活物资、人员的掠夺等而产生接触。与此相对照，粟特人和波斯人单纯为了贸易而千里迢迢地来到长安。他们既没有对领土的野心，也没有掠夺生活物资的企图；与此地的任何民族既没有过度的亲密感，也没有根深蒂固的憎恨。对集团性的民族利益几乎没有产生影响的文化交互就此发生了。在日常生活中，他们会把中亚或西亚的食物带来，这样就对唐的食文化产生了一定的影响。

从这个角度去思考的话，可以推测，唐代的“胡食”有两种意思。一种是唐代初期的用法，这时主要是指突厥等北方民族的饮食。另一种是开元以降的“胡食”，包含波斯以及西亚、中亚传来的食物。

◇“胡饼”和“烧饼”有何不同？

再次回到释慧琳对“胡食”的定义。《一切经音义》中举出的“胡食者，即油饼、饆饠、烧饼、胡饼、搭纳等”五种食物，这些都是什么样的食物呢？

“搭纳”不很清楚，前面叙述的“胡饼”在汉末已经出现。但《齐民要术》中并没有出现“胡饼”的名称。也许因制作方法已广为人知，没有必要再记录下来吧。737年出生的释慧琳将“胡饼”同“烧饼”一起列举出来。但在唐代“胡饼”和“烧饼”是不同的食物，到底有什么不同呢？

第三章中提到772年出生、846年去世的白居易写了《寄胡饼与杨万州》的诗。诗中描述的“胡饼”是刚从炉子中做出来的脆脆的、香味宜人的饼。在用“炉子”烤这一点上，唐代的胡饼的制作方法与六朝没有差别。

关于“烧饼”，《齐民要术》记述了其制作方法：“面一斗，羊肉二斤，葱白一合，豉汁及盐，熬令熟，炙之。面当令起。”［用一斗面粉，拿两斤羊肉，和进一合葱白、豉汁和盐，炒熟，（包在面团里做成饼），把它炕熟。面要预先发过。］但记述过于简单，仍不知道这种饼是烤的还是油煎的。现在北京人常吃的馅饼，是面团里裹着肉馅烤制的；而南方的生煎包，也是将肉当作馅，包在面团中煎烤的。如此，我们还是不知道“烧饼”和“胡饼”的区别在哪里。

这样就只能参考之后年代里所撰写的食谱了。元代著述的《居家必用事类全集》中也出现了“烧饼”，是这样记载的：“每面一斤。入油半两。炒盐一钱。冷水和搜，骨鲁槌研开。鏊上煿得硬煻。火内烧熟极脆美。”（面一斤，油半两，加炒盐一钱，用冷水和面，棍摊开，放在鏊上烤硬。再在炭火里烤后，口感更加脆香。）“鏊”底部是平的，有三条腿，即中国式的平底锅。制作方法与《齐民要术》中的叙述大致相同，烤制方法的说明则更为详细。

图4-3　仰韶文化出土的陶鏊

对照《居家必用事类全集》中的叙述，“胡饼”和“烧饼”的区别就很明显了。“胡饼”是贴在“胡饼炉”内侧直接用火烤制的，“烧饼”是用平底锅煎烤的。与今天的“芝麻烧饼”一样，“胡饼”是贴在炉壁上的，不太用油，最多用少量的油涂在烤制的那一面。相反，当时制作“烧饼”的面粉里要拌入油，并且，为使饼不与锅底粘起来，先要在锅里放入油，加热后再煎烧饼。因此《居家必用事类全集》中出现的“烧饼”与现在南方的“葱油饼”非常接近。

在《酉阳杂俎》卷七中出现了“阿韩特饼”及“凡当饼”，都不太清楚其真实情况，从汉字的意思来看也无法理解其含义。仅从名称看，很可能是外来的饼类，也许与韦巨源《食谱》中出现的“曼陀样夹饼”是相同的。

◇ “饆饠”究竟是什么？

唐代的“烧饼”也好，“胡饼”也好，都是从六朝开始就有的食物，但要说到“饆饠”，则是在唐代才出现的食物。《酉阳杂俎》卷七中有“韩约能作樱桃饆饠，其色不变”。韦巨源《食谱》中出现了“天花饆饠”。但是，“饆饠”是什么样的食物、怎么做，都没有记载。《辞海》的新编本中是这样解释的：“波斯语的pilaw（pilau，现代的pilaf的词源）的音译。是肉类或蔬菜、果实一起煮的饭。”pilaw与现代汉语中“饆饠”的发音biluo十分接近。

相比起来，《汉语大词典》比《辞海》新编本的解释后退了，其解释是：饆饠为“食品名。原指抓饭，后亦指饼类”。抓饭是维吾尔族人、阿拉伯人吃的炒饭，其中混入了羊肉、葡萄干等，是用手抓着吃的，所以被称为抓饭。《汉语大词典》的解释基于向达的论证。根据向达的考证，饆饠是从波斯传到唐朝来的“抓饭”（向达，1957）。按照这种解释，现代的“肉饭”“印度香料饭”，和土耳其、中东直至南欧的pilaf，应该都是同一起源。

对《辞海》的解释，后来有人提出了不同的看法（邱庞同，1986）。这种看法认为，饆饠不是pilaf，而是有馅的面粉食品。另外，在日本的《厨事类记》中有“ヒラ（饆饠）ハ　ヒラタウスク（饆饠，意为平摊而薄的）”的记载。与其说它是米饭类，不如说是饼类。但这也许与历史中的“饆饠”的变迁有关。由于用手抓着吃饭不方便，依着“胡饭”的吃法，后来便演变成用薄饼包着吃。而流传到日本时，不知什么原因，可能只留下外面的皮了。

在《酉阳杂俎》中记述了好几次饆饠的专卖店。续卷一《支诺皋上》中有一段意味深长的记录。为了贿赂从地狱里来索命的小鬼，故事的主人公将他们带到了卖饆饠的店，地狱来的小鬼们捂住了鼻子，不愿进店。从这个描写中可知，饆饠有着强烈的气味。可能是因为使用了中国以前没有的香辣调味料，小鬼们讨厌这种味道，这表明饆饠是一种新的食物。《酉阳杂俎》的作者或许在暗示，阳间很风靡的饆饠，在阴间还没那么流行。

◇ 西域来的滋补品

从汉到唐，许多蔬菜和水果不断地从西域传到中国。仅从现在的中餐中使用的东西来看，就可以举出黄瓜、菠菜、草头（苜蓿）、芫荽、莴苣、豌豆、葡萄、核桃等。关于这些食材是何时、从哪里传来的问题，迄今为止有很多研究（足田辉一，1993），这里就不重复了。

除此之外，还有什么食物传入了中国？西域传来的蔬果，有哪些是被纳入中餐而传至后世的呢？对这些问题，迄今为止讨论得并不多。

从波斯传来的食材中看，在后来的中餐中被大量使用的，当首推核桃。《汉书》中记载，核桃是张骞从西域把种子带入中国的，但其他许多书籍中说始于六朝。核桃多用于点心中，另外，作为药物也使用得很多。从西域传来的干果中，像核桃那样成为菜肴和点心的材料的例子是很少见的。

唐代孟诜的《食疗本草》中，核桃是喜欢方术的人经常吃的食物。它因被认为有滋养强身的作用，而在后来的各种料理中使用。在宋代林洪的《山家清供》中，举出了三个例子。比如“胜肉夹（铗）”（素饺子）的配方中有“焯笋、蕈，同截，入松子、胡桃，和以油、酱、香料，搜面作夹（铗）子”［竹笋、蘑菇放在水里焯一下，一起切，加入松仁、核桃，和上油、酱、香料，揉捏面粉制夹（铗）子］。“夹（铗）”是饺子的原型之一，尺寸比现在的饺子要大许多。

还有作为甜点类的例子，同样可见于《山家清供·大耐糕》——用现在的话来说，就是苹果派这样的东西：“向云杭公衮夏日命饮，作大耐糕。意必粉面为之，及出乃用大柰子。生者去皮剜核，以白梅、甘草汤焯过。用蜜和松子肉、榄肉去皮、核桃肉去皮、瓜仁刬碎，填之满，入小甑蒸熟，谓之柰糕。”［向云杭公（名）衮，夏日邀我去喝酒时，做了大耐糕招待我。原以为是面粉做的。等到拿出来一看，原来是削去大苹果的皮，挖去芯子，在梅子、甘草浸泡成的汤里焯一下，将裹着蜜的松仁、去皮的橄榄肉、去皮的核桃、捣碎的瓜子填满苹果中，用小蒸笼蒸熟的，称为苹果糕。］

《证类本草》卷二十三《果部·林檎》所引陈士良《食性本草》中有“此有三种，大而长者为柰。圆者林檎，夏熟。小者味涩，为梣，秋熟”的记载，据此可知，“柰”就是苹果。至于为何称为“大耐糕”，据说是出于“大耐官职”（“硬着头皮当官”之意）（中村乔，1995）。在这道点心里也用到了核桃，而现代的各种点心里也都大量使用了核桃。

从波斯来的干果中，比较意外的是巴旦杏。同样是《酉阳杂俎》前集卷十八《广动植之三》“扁桃”中是这样记载的：“偏桃，出波斯国，波斯呼为婆淡。树长五六丈，围四五尺，叶似桃而阔大，三月开花，白色，花落结实，状如桃子而形偏，故谓之偏桃。其肉苦涩不可啖，核中仁甘甜，西域诸国并珍之。”［偏桃（扁桃）出自波斯国，波斯称为婆淡。树高五六丈，粗四五尺，叶像桃树叶，阔而大，三月开花，白色，花落结果，形状像桃子，长得有点偏（扁），所以称为偏桃（扁桃）。果实的肉苦涩不好吃，核中有仁很甜，西域各国都把它当特产。］其实不必千里迢迢去波斯，中国的新疆就盛产巴旦杏，但这种坚果近代以前似乎并没有在中国普及开来。

开心果和巴旦杏有相同的命运。《酉阳杂俎》续集卷十《支植下》中有“阿月（开心果——引用者注）生西国，蕃人言与胡榛子同树，一年榛子，二年阿月”（开心果生长在西方国家，当地人说它与胡榛子是同一树，第一年是榛子，第二年是开心果）的记载。明代《本草纲目》中它是作为药物被记载的，可以确认已经传到了中国，但并没有作为食物来食用的记载。开心果进入中国的一般家庭，是改革开放后发生的事了。

与核桃不同，开心果和巴旦杏在那以后就消失了身影，可能是因为它们无法取得作为菜肴和点心材料的稳固地位吧。

◇“胡菜”的吃法

关于草头的来历，到现在为止有许多考证。但基本上没有涉及怎么吃的问题。唐代食谱的大量散佚是一个重要的原因。草头作为蔬菜被食用的记录可以在《唐摭言》卷十五里看到，是作为穷人吃的食物被提到的，不像是受欢迎的一种蔬菜。而文中也没有记录烹调的方法。唐玄宗时期的烹饪方法，到了宋代才被详细记录下来。《山家清供》中有“采，用汤焯、油炒，姜盐随意，作羹茹之，皆为风味”（汤氽油炒，加姜、盐随意，做成汤羹，风味都不错）的记录。现在，草头也常常能在百姓的餐桌上看到，但食用方法稍稍有所不同。《山家清供》中记载草头“长或丈余”，如果食用这样的茎，自然是不好吃的。现在草头只吃嫩芽，既不用来做汤，也不凉拌着吃，只是炒着吃。

中国记录菜肴的书籍大多是文人写的。他们只记录王公贵族的菜谱和士大夫炫耀风雅的吃法，而对普通民众的饮食毫无兴趣。只记录罕见的菜肴或食材的风气在这类书籍中也是频频可见。特别是关于蔬菜的记载尤其如此。日常生活中的烹饪方法被视为“琐碎”，没有哪本书会去特意记录下来。正因为这样，无须特别手艺、特别方法的大众菜、家常菜就大多不为后人所知了。

黄瓜就是一个典型的例子。《齐民要术》卷二《种瓜第十四》中记载：“收胡瓜，候色黄则摘……于香酱中藏之亦佳。”（胡瓜要等到变黄之后才去采摘……放入香酱中浸泡储藏也是个好办法。）可见六朝时，已经开始种植黄瓜了，多做成腌菜食用。但没有看到新鲜黄瓜的烹饪方法。

孟诜的《食疗本草》中有黄瓜性寒，不宜多吃，特别容易引起小孩腹泻的记载。据此可知唐代人是经常吃这种食物的。黄瓜因水分占整体的60%，不适合蒸煮或做汤。《食疗本草》中记载，黄瓜与醋一起吃对身体不好。这里提到了醋，也许主要的食用方法是凉拌吧。

关于菠菜，《新唐书·西域上》的"泥婆罗"一项中称是尼泊尔来的贡品。因在唐以前的书籍中没有看到相关的记录，故推测菠菜在全国推广开来可能是唐以后的事了。唐代孟诜的《食疗本草》中有"北人食肉面即平，南人食鱼鳖水米即冷"［经常吃肉、面类食物的北方人（吃了菠菜后）可感到热凉之间的平衡；经常吃鱼鳖、稻米的南方人（吃了菠菜后）会感到对身体过寒了］的记载。据此可知，在唐代，无论是北方还是南方都吃菠菜。

根据《清异录·蔬菜门》的记载，南唐（937—975）时成为户部侍郎的钟谟非常喜欢菠菜，给它取了个"雨花菜"的别称。另外，宋代末期撰写成书的《梦粱录》中有"菠菜果子馒头"一说，据此推测那时菠菜已是不分阶层、广受欢迎的蔬菜了。

与黄瓜不同，菠菜适合做汤，另外，凉拌也很好吃。之后出现的炒的做法也是适合菠菜的。明代以后菠菜更为广泛地被食用，其原因也许就在此。而且，菠菜的栽培方法简单，是平民百姓也吃得起的蔬菜。明代王世懋在《瓜蔬疏》中记载，菠菜在北方叫作赤根，是蔬菜中最平常的一种。但它能与豆腐一起烹调，是菜园中不可或缺的蔬菜。直到今天，菠菜依然是中国日常食用的蔬菜之一。

宋朝文人阶层的味觉追求

宋代

1. 猪肉为何被打入冷宫

◇ 受推崇的羊肉

现代中国价格较高的肉类是牛肉。羊肉种类繁多，较难比较，最贵的已和牛肉不相上下了。瘦猪肉的价格和鸡肉相当接近。当然，中国幅员辽阔，很难一概而论。回顾半个世纪之前，从中华人民共和国成立初期到“文化大革命”结束，就上海来说，市场上的肉类价格排行一直是牛肉—鸡肉—猪肉—羊肉，在30年里几乎没有变动。一般市民生活中，一年到头都吃不上牛肉。鸡肉属高级食品，只有过年过节或病人才能吃到。猪肉最普通，羊肉则到冬天才能偶尔买到，一般是作为冬令进补的，但价格比猪肉便宜。改革开放后，因为引进了大规模养鸡场，鸡肉一下子从“高级肉类”的宝座上跌了下来。进入21世纪后，牛肉开始步入寻常百姓家。那么，这种肉类的排行榜，在古代又是怎样的呢?

记录北宋都市生活的《东京梦华录》中有很多关于食品的记述。《东京梦华录》卷二《饮食果子》中详细介绍了餐饮业的菜肴。其中记录的在茶水店和餐馆里制作的菜肴有54种，委托销售的菜肴也有十二三种。

这些菜肴按食材来区分，可分为用肉做的菜、用海鲜做的菜、用蔬菜做的菜等。按烹饪方法来区分，有蒸、烤、煮、炸、汤等多种。肉类中有羊、鸡、鹅、鸭、鹑、兔、獐等多种。其他还有用内脏做的菜、用大豆等制作的素斋等。

耐人寻味的是，餐馆中列出的将近70种菜肴中，没有一种是用牛肉或猪肉做的菜。而羊肉做的菜有8种，鸭肉、兔肉做的菜各有3种，鸡肉、鹅肉做的菜各有2种。相比较而言，用羊肉做的菜肴明显数量多。牛是农耕的生产工具，很早就明令禁止食用，因此，饭馆的菜单上看不到也情有可原。但为何没有猪肉呢？是否是因为记载遗漏呢?

同样是《东京梦华录》卷二《州桥夜市》中记录了当时夜间室外露天餐饮摊的情况，其中记载了很多那里贩卖的食物。然而，在二三十种菜肴中，用猪肉作为食材的只有“旋炙猪皮肉”一种。这样看来，《东京梦华录》卷二《饮食果子》中没有用猪肉做的菜并不是遗漏。

◇ 被冷落的猪肉

实际上，当时的人并不是不吃猪肉。《东京梦华录》卷二《朱雀门外街巷》中有“唯民间所宰猪，须从此（南熏门——引用者注）入京，每日至晚，每群万数，止十数人驱逐，无有乱行者”（唯有民间所要宰杀的猪，则须从此门进入京城，每天到晚间，每群猪数以万计，但只有十余人驱赶，然而猪群却没有乱走的）的记录。这里有两个问题。一是这一数字的可信度。到底有没有一万头？其次，这些猪肉是否都是在汴京消费的？还是运到其他地方去了？这些细节都记录得不十分明确。但吃猪肉的事实应该是确凿无疑的。事实上，《东京梦华录》卷四《食店》中有店里吊着去除头和内脏的猪、羊的记载。但餐饮业中猪肉做的菜确实很少。

从另外的史料来看，可知宋代的猪肉价格很便宜，人们不太喜欢吃。据宋代周紫芝《竹坡诗话》的记载，苏东坡被贬去黄州（今湖北省黄冈市）时，写下了赞美猪肉的诗：

黄州好猪肉，
价贱如粪土。
富者不肯吃，
贫者不解煮。
慢着火，少着水，
火候足时它自美。
每日起来打一碗，

饱得自家君莫管。

这是一首颇为口语化的诗。是否苏东坡所作姑且不论，它描写了只有当时人才知道的情况，这一点是无可置疑的。另外，苏东坡对猪肉十分钟爱似乎是确有其事的。据传，苏东坡自己想出了猪肉的烹饪方法，这就是现在的一道名菜——“东坡肉”。

然而，读上述的诗总会令人有点不可思议。现代中国，猪肉是排在牛肉、鸡肉之后的上等肉类，为何其时价格便宜得如粪土，且有钱人都不想吃呢?

这个问题的答案在宋代周辉的《清波杂志》中可找到。此书卷九中记载着这样的事：“令买鱼饲猫，乃供猪衬肠。诘之，云：‘此间例以此为猫食。’乃一笑……止以羊为贵。”（向店主买点鱼喂猫，却拿出来猪肠子。问为何这样，回答是：“这里都把这种东西当猫食的。”说着笑了起来……最上等的肉是羊肉。）被人们认为是下等肉食的猪肉，自然价格便宜如粪土。《东京梦华录》卷二《酒楼》中记载，汴京的高级饭馆是以“迎中贵饮食（地位高贵的人为其顾客）”的。既然猪肉属下等食材，这样的高级饭馆中不用，绝非不可思议的事。

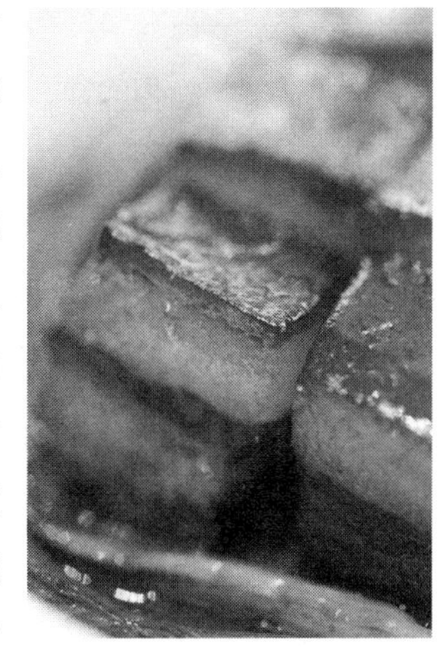

图5-1 东坡肉

◇ 尊崇羊肉的前因后果

羊肉势力的扩大经历了几个阶段。根据考古学的发掘结果，新石器时代的遗迹中出土的兽骨里，数量最多的是猪，然后是羊、牛、狗等。而且，猪的骨骼数量比第二位的羊多了近三倍（横田祯昭，1983）。

前文也引用过，《孟子》中有这样的话："鸡豚狗彘之畜，无失其时，七十者可以食肉矣。"此言是孟子向梁惠王提出的治世建议。当时，梁惠王统治的魏国，都城在大梁（今河南开封）。"豕""彘"指的都是猪，古时体形大的称为"豕""彘"，体形小的称为"猪""豚"，后来没有这个区别了。这些姑且不论，从孟子所述可见，公元前3世纪的开封，肉食指的是鸡、猪、狗三种。

到了六朝，羊肉的食用逐渐多了起来。从《齐民要术》中举出的家畜加工及烹饪的用例来看，第一位的依然是猪肉。但相对于猪肉的烹饪方法有37例，羊肉也有31例。羊肉与猪肉已不相上下了，而与第三位的牛肉拉开了很大距离。加工的用例，猪肉有8例，羊肉为6例（熊代幸雄，1969）。中国饲养的羊是从蒙古引入的盘羊系的羊（加茂仪一，1973），但进入中国的具体时间并不十分清楚。仅据《齐民要术》的记载，可知六朝时已在烹饪中大量使用羊肉。但其时，猪肉的地位并未跌落至羊肉以下。

《东京梦华录》中记载了12世纪初叶的汴京。汴京就位于现在的开封市的位置。在同样的都市中，以往的时代，猪肉是主要的肉类食材，到了北宋，羊肉就成为上等的肉类了。是什么原因让猪肉的地位下降了呢?

有日文文献提出，中国北方“自古以来羊肉是最上等的食物，猪肉是下等的食物”（入矢义高等，1996）。何时形成这种格局的，至今还不十分清楚。

其中的一个原因可能是游牧民族匈奴人的南下。据《后汉书·列传·南匈奴列传》中记载，公元1世纪到2世纪，有数万至数十万匈奴人移民南下。而魏晋以后，因畜牧业而兴盛的突厥人的影响也很大。

隋唐时期，鲜卑人在中国北方的活动范围很广。但鲜卑人进入中原与羊肉文化几乎没有什么关系。他们大都并不常吃羊肉。古时，鲜卑人分为东部鲜卑和北部鲜卑，前者是狩猎民族，其遗迹中发掘出来的动物骨骼中没有牛、马、羊的骨骼（张碧波等，1993）。北部鲜卑捕获野生的牛、羊，但并未将其作为家畜来饲养（出处同上）。

公元11世纪到12世纪初，羊肉文化在中原地区扎根还有另一个重要的原因。916年，中国北部出现了契丹国，约30年后的947年，其国号改成了辽。同一年，辽国的军队进入开封。辽国并没有长期占领开封，但此后，作为文化中心地区的中原，经常处在契丹人的威胁之下。其间，契丹人不断以胜利者的姿态南下，也把他们的风俗习惯带入中原。

契丹原本是游牧民族，“畜牧、田渔为稼穑”（《辽史》卷四十八《百官志四》），日常饮食中以羊肉及乳制品居多。他们在进入中原后也未改变这一习惯，在政权内设置了许多专管畜牧的官职（《辽史》卷四十六《百官志二》）。“祭山仪”是契丹的皇族祭祀天地神灵的重要宗教仪式。祭祀用的牺牲是雄性的马、牛、羊（《辽史》卷四十九《礼志一·吉仪》）。民间习俗中羊肉出现的频率很高。如正月第一天用白羊骨髓中的脂肪与糯米饭混在一起，捏成拳头大小的饭团作为礼仪食物；冬至时，杀白羊、白马、白大雁，将其血倒入酒中。庆祝日的礼仪食品和祭祀上供奉的食品都是民族饮食文化的体现。羊肉在这样的庆祝祭祀中经常使用，证明羊肉是契丹人生活中重要的食物。

《东京梦华录》中记载的汴京虽是宋的都城，但在地理位置上很接近辽，经常受到契丹军事力量的威胁。决定中原地区羊贵猪贱的饮食文化图谱的主要原因，是契丹饮食文化的渗透。

◇ 羊群的“南下”

定居中原的契丹人不仅改变了中国北方肉食的风俗，也对后来统治中国北半边的女真人产生了很大的影响。1114年，金破辽，次年元旦宣布建国，国号“大金”，女真人取代辽在中国北方建立起政权。与契丹人不同，女真人既喜欢吃羊肉，也喜欢吃猪肉。女真人的祖先是肃慎人和靺鞨人，《晋书》卷九十七《肃慎氏》中记载：“无牛羊，多畜猪。”《旧唐书》卷一百九十九下《靺鞨》中可以看到相同的记载。据此可知，长期以来女真人主要的肉食是猪肉。

辽亡，大金建立之后，定居中原的契丹人开始了以汉人自居的生活。他们当然没有舍弃食用羊肉的习惯。北方地区，在人员的移居、与契丹人各种形式的交往中，食用羊肉的风俗广泛传播，更为普遍

彩图 1　《韩熙载夜宴图》（局部）

彩图 2　商代青铜鬲鼎（大都会艺术博物馆藏）

彩图 3　西周青铜甗（大都会艺术博物馆藏）

彩图 4　西汉时期的云纹漆碗，食器（大都会艺术博物馆藏）

彩图 5　打虎亭汉墓壁画《宴饮百戏图》（局部）

彩图 6　唐代莫高窟 85 窟壁画《屠房》，生动展现了屠夫宰羊的场景

彩图 7　清代宫廷画家徐扬绘制的《姑苏繁华图》局部，
描绘了熙熙攘攘的苏州城内的各式食肆

彩图 8 《虢国夫人游春图》（局部），唐代张萱原作已佚失，此为北宋佚名摹本（辽宁省博物馆藏）

天水摹張萱虢國夫人遊春圖

彩图 9　汉代绿釉陶猪圈模型（三门峡市博物馆藏）

彩图 10　陕西南里王村唐墓壁画《野宴图》（陕西历史博物馆藏）

彩图 11　榆林二五窟的中唐壁画《弥勒经变 · 婚嫁图》

彩图 12　《善事太子本生故事》局部（高平开化寺宋代壁画）

彩图 13　中唐《宫乐图》摹本（台北故宫博物院藏）

彩图 14　白沙宋墓壁画《宴饮》

彩图 15　清代孙温绘制的《全本红楼梦》中的“螃蟹宴”场景

了。女真人进入中原时，猪肉与羊肉的地位已经逆转了。伴随着女真人迁移至黄河中下游地区的脚步，作为统治民族，他们也逐渐开始食用羊肉了。特别是到了大金后期，女真人的肉食几乎都是羊肉。据《松漠纪闻》记载，接待宋朝来的使臣，金朝用的是小麦粉、食用油、醋、盐、米、酱等。此外，羊肉按一天8斤的标准支出。而且，肉类食物只有羊肉。可推测当时的女真人几乎只吃羊肉了。

另一方面，宋朝败于金朝，迁都杭州。大量的居民跟随政权迁移，从北方移居到长江下游地区。伴随着这种移民，食用羊肉的习惯也继续南下。《武林旧事》一书记述了南宋都城杭州的日常生活，其卷六《市食》中，记载了拌着羊油的韭菜饼和羊血做的菜肴。卷九中记载了南宋高宗皇帝行幸，去了清河王张俊的宅邸，当时的菜谱里，就有薄切煮羊舌。另外，高宗随行官员的菜谱中，多次出现了羊肉做的菜。羊肉文化对南宋也有着令人难以置信的强大影响力。

到了元朝，蒙古政权不仅统一了中国，其统治范围甚至延伸到部分欧洲地区。因畜牧的需要，蒙古人对狗的作用特别看重，当然不会吃狗肉。对他们来说，狗是人类的朋友，吃狗肉是不文明的象征。元朝成立后，这种习俗不仅仅局限在蒙古族内，作为统治民族，他们的风俗习惯以及价值观一定也会影响被统治民族。马可·波罗在其自述的《马可·波罗游记》中记录过一段耐人寻味的话。他说在杭州设有屠宰场，“专门屠宰子牛、雄牛、山羊、绵羊等大型动物。这些动物肉专供贵人及富有阶层食用。但一般的下层阶级，吃污秽的肉毫不在意”（爱宕松男，1970）。什么是“污秽的肉”，马可·波罗没有明说。在这一段文字里，几乎提到了所有的食用牲畜，其中没有提到的就是猪和狗。西方人不吃狗肉，“污秽的肉”唯一的可能就是指猪肉。

其实这样说是有一定道理的。中国古代有在厕所下方饲养猪的习惯，汉代的陶制猪圈模型（见彩图9）可以证明。一直到近代，一部分地区仍保持着这种习惯。从这点上来看，说猪肉是“污秽的”有一定根据。这或许也是苏东坡诗里说“富者不肯吃”的原因了。

2. 近似日本料理的宋代菜肴

◇ 少油的菜肴

在日本，提到中国菜，很多人的印象是比较油腻。当然，中国人自己并不这么认为。但客观地来看，中国菜大量地使用了油是确凿的事实。现代的中国菜肴中有四种典型的烹饪方法：炒、爆（蒸煮后去水，用重油炒）、炸、煎（食材的三分之一浸在油里，用小火炸）。这四种方法都大量使用食用油。有的菜在烹调完成后还会浇上麻油。另外，在平时的烹调中，蒸熟的食物上会浇油，凉拌菜也会淋上足够多的色拉油、麻油等。慢火炖煮类的菜也与日本不同，用的是脂肪较多的肉类，因而也更加油腻。

然而，这样味道浓厚的菜肴是什么时候开始出现的呢?

唐代韦巨源的《食谱》中列举了58种菜肴的名称，用的方法大多是蒸和炙。炙，古时是“烤”的意思。现代也有指用酱油烧至汤汁收干为止的烹饪方法，但古时不是这样的意思。因《食谱》中只有菜肴的名称，详细的烹饪方法大都没有记录，故不清楚这些菜肴的配料和做法。总之，它们很明显不是用很多油来炒的菜。《食谱》中记录的用“沸油烹”的方法做的菜只有“过门香”一种。不清楚这道菜到底是什么，可以推测是煎炸的菜肴吧。

《酉阳杂俎·酒食》中记载了127种菜肴及点心，没有发现有类似于煎炸或炒的菜肴。

◇ 蔬菜的生食

唐咸亨年间穿越西域，25年间游历、访问了30多个国家的唐朝高僧义净的证言极其意味深长。他写道：“东夏时人，鱼菜多并生食。此乃西国咸悉不餐，凡是菜菇，皆须烂煮，加阿魏、酥油及诸香和，然后方啖。”（时下的中国人，鱼和菜都是生食的。西方各国都不这样吃，菜类菇类都必须煮烂后，加大蒜、酥油等香辣调料拌和才吃。）（《南海寄归内法传》卷三）这段记述告诉后人，唐代与现代不同，生食是十分平常的食用方法。

唐代没有留下详细记录烹饪方法的书籍。现存的文献中只记录了菜名，没有记录制作方法。而且，其中大都是使用鱼、肉的高级菜肴，基本没有涉及蔬菜的菜肴。

不过，唐代孟诜的《食疗本草》中出现了不少蔬菜。从书名就可看出，此书原是有关医疗的书。该书不是将食物作为菜肴来列举说明的，而是从养生和医学的视角，对肉类、蔬菜类及水果类食物的治疗效果进行讨论。其中有几处谈论了蔬菜的食用方法与治疗效果的关系。

比如，书中记载了蕹菜可以做汤吃，也可以捣烂后生吃。另外，芹菜加入酒及酱来食用，味道很好。

但很多场合，生食是作为一种饮食禁忌来说明的。比如在四季的最后一个月，也就是3月、6月、9月、12月，如果生吃葵菜，会引起消化不良，使旧病复发。另外，书中还记载了被霜打过的葵菜，生食有损健康。藠头的食用也是一样的，3月里不能生吃。

然而，这些记述反过来也证实了当时人食用的葵菜、藠头等蔬菜是生食的。如果没有生食的习俗，就无须这样特意提醒了。

从治病医疗的视角看，涉及生食问题的蔬菜还有止血草（原文为鸡肠草）、香菜（原文为胡荽）、野豌豆（原文为翘摇）等。但《食疗本草》只涉及生食有治疗效果或反之对身体带来不良影响的蔬菜，并未涉及所有的蔬菜。尽管如此，从这里也可推测，在唐代，蔬菜的生食是很普遍的。

这样的情况，宋代之后还有不少遗存下来。同样是在《山家清供》（《说郛》本，下同）里，《如荠菜》一节中介绍了苦菜沙拉。“其法：用醯、酱独拌生菜。然，太苦则加姜、盐而已。”（这个菜的做法是就用醋、酱拌生的苦菜，无须其他的烹调。如果太苦，则可以加些姜、盐。）因苦菜比较少见，才做了记录，其他的蔬菜也许有同样的食用方法。

南宋高宗皇帝的皇后宪圣皇后生活十分简朴，总是让厨师给她送“生菜”，她关照厨师在菜肴里一定要拌上牡丹花的花瓣（《山家清供·牡丹生菜》）。多数情况下“生菜”指的是莴苣，但宫中的菜谱每天应是不一样的，据此可推测有许多蔬菜是生食的。生食蔬菜没有作为奇特的癖好被记载下来，是因为生食蔬菜在当时并不是值得一提的稀奇事。

◇ 炒菜的变迁

现代中餐中的主菜一直是炒菜。然而，炒菜是什么时候被发明的呢？有人提出六朝时就已经有了（王学太，1989），但这一说法没有给出有说服力的证据。如前所述，在唐以前的文献中，用“炒”命名的菜一次也没有出现过。

最古老的关于炒菜的记录出现在北宋书籍中。这样看来，唐后期也许已经出现了这样的烹饪方法。不过，即使到了宋代，“炒”依然不是最重要的烹饪方法。如在《东京梦华录》中，炒菜也只记载了炒肺、炒蛤蜊、炒蟹三种，还未出现现代常见的猪肉、鸡肉的炒菜或鱼、虾的炒菜。都城汴京的饭店里的菜谱中都没有这样的菜肴，可看出肉类的炒菜在文化中心都还没有广泛流传开来。

宋败于金，迁都南方后，炒菜逐渐地多起来了。据推测于南宋后期成书的《玉食批》中记录了许多向皇帝进贡的菜肴（亦收录于《武林旧事》），其中出现了像炒鹌鹑、炒黄鳝等以前的文献中没有记载的炒菜。

原本，炒菜被称为“南炒”（南方的炒菜）。如《玉食批》中有“炒黄鳝”原文为“南炒鳝”。炒菜也许是南方沿海地带的人发明的。鱼、贝类等食材最好是短时间加热后食用，也许由此发明了炒菜的方法。事实上，《东京梦华录》中的三个炒菜中，有两个是海鲜菜肴。另外，《玉食批》中，半数以上的炒菜，食材是鱼类。

南宋的《山家清供》是一本表达作者居住于乡村、甘愿以质朴生活为人生追求的书，因而其中记载的菜肴大多是蔬菜菜肴。十分有意思的是，炒蔬菜的菜肴大多被记录了下来。如《山家清供·元修菜》一节里就记载了“用真麻油热炒，乃下盐、酱煮之”（用麻油炒野豌豆苗，然后用盐、酱调味）的烹饪方法。这种烹饪方法，与现代的豆苗的烹饪方法几乎是一样的。

不过，即使到了南宋，炒菜似乎仍不是主要的烹饪方法。《山家清供》中记录下来许多菜肴，其中炒菜只有五六种。同样，南宋的《玉食批》中出现的98种菜肴的名称，以“炒”命名的也仅“炒鹌子”“糊炒田鸡”“蟹炒蔓菁”“炒白腰子”“南炒鳝”等五六种。

◇ “炒”的另一妙用

同样是炒菜，宋代的炒菜与现代的炒菜有着微妙的不同。在《山家清供》中与现代相同的炒蔬菜只有前面提到的炒野豌豆苗一种，其余的五六种都与现代的炒菜不同。

比如，江南地区，炒草头是经常吃的蔬菜菜肴。草头学名“苜蓿”，中国北方称为“金花菜”。《山家清供·苜蓿盘》中的记载是“采，用汤焯，油炒，姜盐如意”，意即，将草头采撷后，用热水煮，再用油煸炒，随意加入生姜和盐。炒菜本来是利用油的高温瞬间加热，目的是将食材风味包裹在其中。将蔬菜焯一下后再炒，可去除食材中的涩味，但炒的效果就几乎没有了。

宋代炒菜的另一个特征是将“炒”作为中间加工过程。与茼蒿同一种类的“紫英菊”的炒菜，《山家清供》中是这样记载其烹饪方法的：“今法：春采苗叶洗焯，用油略炒煮熟，下姜盐羹之。”意即，现在的烹饪方法为，开春采撷苗叶，洗净后先用热水焯一下，然后用油快速炒后再煮，之后放入姜、盐，做成汤。炒只不过是为了使油渗入其中的加工过程而已。

做馄饨的馅也是如此，《山家清供·笋蕨馄饨》云，“采笋蕨嫩者，各用汤药炒以油，和之酒酱香料”。（此处“各用汤药炒以油”疑为“各用汤焯炒以油”之误。又《夷门广牍》本为“各用汤焯”，缺“炒以油”三字。）意即，摘取竹笋、蕨菜的嫩头，分别用热水焯一下后，用油炒，再加入调味料和匀，这也是“炒”作为中间加工过程的例子。

不过，同样是中间加工过程，《山家清供》中叫作“山家三脆”的菜是这样做的：“嫩笋小蕈枸杞菜油炒作羹。”意即，将竹笋、蘑菇、枸杞放在一起煸炒后，再做成汤。这里要做一说明。《山家清供》有《夷门广牍》和《说郛》两个版本。中国重印的《山家清供》，如“中国人烹饪古籍丛刊”依据的是《夷门广牍》本。然而该版本的记述多受质疑。国外的学者专家，如日本的中村乔等均认为《说郛》所收《山家清供》可信度较高。笔者也取此立场，以《说郛》本为依据。

《山家清供》中还有一个叫作“满山香”的蒸菜介绍：“不用水，只以油炒，候得汁出，和以酱料盦熟。”（不用水，只用油炒，等到汁水出来后，和上酱及其他调料，放在有盖的器具里蒸熟。）这些菜都是先炒，达到瞬间加热的效果。特别是后者“不用水，只以油炒”一句，可看出有意利用“炒”在烹饪上的长处。这种烹饪方法不只限于蔬菜。《山家清供》中的“东坡豆腐”也是用油炒豆腐，再拌入作料后煮的菜。

至于肉、鱼的菜肴中，元代的《居家必用事类全集》中记述了叫作“川炒鸡”的菜。宋末至元代，将“炒”的方法用于肉类食材的烹饪也逐渐普及。

◇ 清淡的宋代菜肴

日本料理与中国菜最大的不同有两点。一个是与清淡的日本料理相比较，中国菜油重，另一个是日本料理以清淡的味道为上乘，而中华料理则崇尚浓郁的味道。

然而，读了《山家清供》这样的宋代食谱后，可知当时的菜肴并没有用很多油。笔者时常照着当时的食谱，尝试做一下当时的菜肴。每次看着做出来的菜肴，总是十分吃惊。无论哪道菜，油都非常少，与现代的“中国菜”给人的印象大相径庭，倒不如说有点日本料理那样的清淡口感。

比如说“蟹酿橙”是将蟹肉塞进柚子皮内蒸熟的菜，其制作的方法如下：选稍大一点的柚子，切去顶部，剜去柚瓤，稍留下一点汁，将蟹膏与蟹肉塞进柚皮内，将切下的顶蒂当盖子覆在柚子顶部，放进小的蒸锅里，加酒、醋，隔水蒸熟。从外观来看就不像中国菜，一点油也没用。这样的菜就是出现在日本的怀石料理中也毫不奇怪；而反观现代中国，这样的烹饪方法已不多见了。

《山家清供》中另有一道叫作“山海兜”的菜。这是把海鲜裹起来蒸的菜肴。做法是，“春采笋蕨之嫩者，以汤瀹之，取鱼虾之鲜者，同切作块子，用汤泡裹蒸。入熟油酱盐研胡椒拌和，以粉皮乘覆，各合于二盏内蒸熟”。意即，先将鲜嫩的竹笋、蕨菜用热水略煮。选取新鲜的鱼、虾切成小块，在开水中汆过，急火蒸熟。蒸好的鱼、虾肉里放入煮好的竹笋和蕨菜，加酱、盐、胡椒及食用油，将其搅拌后做馅料。用绿豆淀粉做成薄皮，像包春卷一样把馅料包进薄皮，每个放一小碟上，入蒸器中蒸。这里虽说用了食用油，但竹笋、蕨菜能吸收油分，味道仍十分清淡。这样的菜肴在中国并没有传承下去。比较相近的是广东和香港早茶里常见的“肠粉”。顺便提一下，在《夷门广牍》本的《山家清供》中，“研胡椒”后为“同绿豆粉皮拌匀，加滴醋”云云，此处明显与“兜”之意不合。

日本料理中烹饪竹笋、香菇时不太用油，常用煮或蒸的方式来加工。笔者曾在京都的餐馆吃过竹笋料理。从开胃菜到最后的甜品全部使用了竹笋，可谓竹笋全席。当时很吃惊的是，竹笋煮后按原样就端了出来。中餐中，一般需将竹笋放入大量的油中以大火爆炒，仅仅煮好或蒸好的竹笋并不被认为是道菜。

而宋代菜肴并不像现在的中国菜肴。《山家清供》中介绍的名为“酒煮玉蕈”的做法与日本料理十分相似：“鲜蕈净洗约水煮，少熟乃以好酒煮，或佐以临漳绿竹笋尤佳。”意即，将新鲜的香菇洗净后用少量的水煮，待烧熟后加入上品的酒，再煮。加入临漳出产的竹笋则味道更鲜美。这道菜一点食用油也没用。这样的烹饪方法现代已无从设想了。

3. 文人趣味与味觉

◇ 蔬菜的烹饪方法

在把握以往时代的饮食文化特征时，多数人会面临一个难题：不管哪个时代，不同社会阶层的饮食相差很大，究竟哪个阶层的饮食才有代表性呢？宫廷菜肴的确是各个时代的饮食文化的结晶，但这是少数特权阶层的享受，能否就由此断定它代表整个时代的饮食文化？相反，若以平民的饮食生活为主，又似乎过于单调，也难以反映时代的现实。

事实上，中国历史上存在着一个重要的阶层，他们介于权贵与平民之间，即所谓的文人阶层。他们虽无法享受王公贵族的奢侈饮食生活，却会在饮食中反映自身的世界观，或在饮食中追求自己独特的审美意识。他们是一批具有文字记录能力的人，而所记录的往往是个人的饮食生活。《山家清供》就是其中的典型代表。仅以这本食谱来复原宋代的饮食生活还是有些偏颇的，但从其记录下来的烹调方式，可大致推测出当时有哪些流行的烹饪方法。

阅读《山家清供》，在蔬菜的烹饪方法中，最为常见的是凉拌菜。接下来是汤、炒菜和油炸菜。凉拌菜和汤加起来有20种以上，而该书中提到的炒菜，即使算上只把炒作为中间工序的菜，也仅有6种。用油炸的方法做的菜则更少。

凉拌菜中，现代人还在食用的只有芹菜和莴苣。而同样是凉拌菜，宋代的凉拌芹菜用的是醋，比起用酱油和麻油的现代食用方法，味觉感受很不一样。现代的马兰头、茼蒿、萝卜、黄瓜等也都常用酱油和麻油拌食，同样做法的菜肴在宋代的食谱中则无法找到。

韭菜现在作为饺子馅料中的一种食材，在百姓中依然很受欢迎。除此之外，韭菜几乎毫无例外地都是用炒的做法。但宋代与现在不同，韭菜是煮后凉拌着吃的。至于用什么调味料，当时的食谱上没有详细的记载。总之，宋代的凉拌韭菜并不是现代人熟悉的味道。

另外，竹笋、蕨菜、莼菜以及蘑菇等食材，宋代时都是不用油凉拌着吃的，现在这种吃法已经慢慢消失了。倒是日本继承了这种吃法，竹笋、蕨菜、莼菜等都有凉拌的做法。特别是蕨菜和莼菜，这两种菜在日本都很常见，而且几乎只有凉拌的吃法。

确切而言，不使用油的凉拌菜在现代中国已经没有了。所谓的

“拌菜”类，其方法就是将生的菜或煮过的蔬菜与酱油和麻油拌在一起。但宋代的拌菜以盐和酱为调味料。酱用得多，和酱油尚未问世有关。作为调味品，茴香、胡椒这样的香料用得比较多。此外，烹调时几乎都不加食用油。与现代相比较，不用油这一点是很大的不同。宋代的凉拌菜可以说与日本的这类菜在制作方法上更为相近。

◇ 清澈的汤

除了凉拌菜，宋代还有许多做成“羹”的吃法，也就是汤菜。羹是最古老的菜肴，春秋时代的文献中已经可以找到。宋代之后，出现了许多新的烹饪方法，尽管如此，羹依然是主要的烹饪方法之一。

根据《山家清供》中的记载，草头、萝卜、芜菁叶、葵菜、蓬蒿等多数蔬菜都被用在汤菜中。而且，除了蔬菜以外并不放入肉和鱼。现代，除了在贫困山区，像这样的汤已经基本上从餐桌上消失了。至少人们不认为这样的菜是像样的菜。像白菜、卷心菜、荠菜、萝卜等，现代人也拿来做汤食用，但无论哪种汤都要放肉。现代人基本不用草头、芜菁叶、葵菜、蓬蒿、芹菜等来做汤。

宋代的汤和现代的汤还有一点不同的是，汤里基本不加油。叫作“骊塘羹”的汤将萝卜和蔬菜切细，用井水熬到几乎化开，看上去绿白相间。饭后饮用，美味无比。读了这样的描写，便可理解汤中使用绿色蔬菜的用意。而不用油这一点，与现代的汤的做法完全不同。

笔者来日本后曾品尝过怀石料理。汤端出来时，见到如白开水般透明的汤中，一块白色鱼肉沉在汤底，吃惊不已，心想这道菜一定不好吃。执箸品尝时，意外的味美意深。现在的中餐中汤汁浓郁、口味厚重，从未见过像水一样透明的汤汁。

然而，与日本料理中相同的汤在宋代很常见。《山家清供》中介绍的“碧涧羹”就是这样的汤菜。它是芹菜煮后加调味的汤，汤汁清澄，香味扑鼻。像山谷间流淌的绿色小溪，故取名为“碧涧羹”。其中当然是一点油也不用的。不敢断言这种汤在当时是否具有代表性，但其中用到的烹饪方法在南宋菜肴文化中很常见，这一点无可争辩。可以推测，由于其他的蔬菜类汤中也没有放入肉等材料，汤汁的颜色应该都是不怎么浓的。

◇ 新的尝试：做汤时加油

宋代时，即便是加油的汤，也并不像现在那样浸满了油。“山家三脆”是将竹笋、蘑菇及枸杞的嫩芽炒后再煮成汤的，由于竹笋吸收了油分，这道菜也几乎感受不到太多的油腻。

当然，并不清楚这种清淡的汤是否在宫廷中经常被食用。向宋高宗进贡的御膳中有称为“三脆羹”的汤。正因为清淡的汤被认为是上乘的菜肴，所以成为呈献给帝王的贡品。从这个意义上来说，宫廷中的饮食文化与文人的口味或平民的饮食生活并没有完全断绝开来。

有趣的是，在宋代加油的汤是新式菜肴。《山家清供》的作者某日把姜和菜煮熟后做成了汤，正自我陶醉这菜做得好时，有朋友来访。于是他向朋友披露了这种新的做法。方法就是煮蔬菜时，在汤稍稍沸腾后，加入食用油、酱和炒过的香料粉末，马上盖上锅盖，煮透。做好的汤盛出来一尝，十分美味。这道菜使用的调味料并无什么新意，新的材料就只有食用油。加食用油的汤菜成了新菜。实际读过《山家清供》中所记录的汤菜就可知道，不加油的汤菜比加油的要多。

宋代的蔬菜菜肴与现代相比，还有一个很大的区别：宋代无论是凉拌菜还是汤，或是炒菜，在大多数情况下，作料都要放姜。比如炒草头时会加入姜。又如叫作“太守羹”的汤菜，仅用茄子和苋菜煮后做成，在烹饪时一定要加入姜。

苏东坡曾做过“东坡羹”这道菜。食材是大白菜和芜菁叶子，或萝卜和荠菜。将菜焯一下去涩味后，放入热水中，加入少许生米及姜，最后蒸一下，即完成。而现代，在烹调这类蔬菜时，一般并不放姜。姜基本上只在做肉类、鱼类菜肴时才使用，除了炒茄子以外，姜基本上是与蔬菜菜肴无缘的。

◇ 食材的变革

现代中国菜中，花，除了桂花、玉兰花等两三种，基本是不食用的。菊花风干后泡茶喝是有的，但基本是不吃的。在日本，每到秋天，超市里都有食用菊出售，一般在热水中焯一下，用来凉拌吃。樱花腌过后，广泛用于制作日式甜点。

图5-2　樱花麻糍

而树木的叶子，在中国是饥荒时期的救急食物，一般是不食用的。与此相对照，日本料理中使用了各种各样的树叶。尤其在地方上，很多植物的树叶被做成天妇罗来食用。

而在宋代中国，许多花和树叶都是食用的。烹饪中用到很多花，仅举《山家清供》中的例子，就有菊花、梅花、牡丹花、栀子花、莲花、杜鹃花等。而在文人中间，花隐喻“风流”，用在许多菜肴中。但文献中没有发现有为食用而种植花的记录，故难以断言这是广泛流行的饮食习惯。但不能否定，那时的食材选择，比起后世来更为广泛。

关于食用树叶，当时人的态度也并未如后世那样敬而远之。柔软的柳树叶与韭菜一起做凉拌菜，海仙花树叶也可用来做汤。也有将槐树叶拌入小麦粉，用于制作面食的。这些都是现代人不再想到的饮食。杜甫《槐叶冷淘》一诗云：

青青高槐叶，采掇付中厨。
新面来近市，汁滓宛相俱。
入鼎资过熟，加餐愁欲无。
碧鲜俱照箸，香饭兼苞芦。

经齿冷于雪，劝人投此珠。

该诗共有20行，这里摘录的是其前半部分。诗的大意为，青翠欲滴的槐树叶，采摘下来送到厨房。正好新上市的面粉也到手，把从槐叶中绞出的汁水连同叶渣一起拌入面粉。放入锅内时担心过热，以致品尝时失去槐叶本来的风味。冷淘碧绿的颜色和筷子相映，喷香的饭里拌入了芦苇的新芽。放入口里犹如牙齿碰到雪似的冰冷爽口，劝人吃时犹如把珠宝扔掉会觉得非常可惜。

“冷淘”是一种团子形状的冷食食品，冷面类有可能是其后续食品。从杜甫《槐叶冷淘》诗中可知，槐叶和小麦粉调和做成面食，至少可以追溯到唐朝。

图5-3 牛蒡

食材也有变化。现代中国几乎已不吃牛蒡，种植的牛蒡都出口至日本。而在宋代，牛蒡是理所当然的食材，有“牛蒡脯”这样的菜肴：剥去牛蒡根的皮，煮后用锤子敲击，去除水分。与盐、酱、茴香、姜、食用油拌在一起，浸泡一至两日，再用火烤干，制成像干肉那样的食物。但这样的菜，现代已无法看到了。

大帝国餐桌上的箸与匙

宋元时代

1. 筷子为何是纵向摆放的？

◇ 中国的筷子原来也是横放的

在日本，筷子横着放是常识，但在中国一般是直着放的。单就筷子的放置方法，就可开启比较文化论的一番宏论。事实上，笔者曾目睹一位学者以筷子摆放为根据，高谈阔论中日国民性之差异。不过，在做这样的大文章之前，首先要回答一个简单的问题。筷子明明是由中国传入日本的，为何那时的日本却形成了与中国不同的摆法呢？从经验上来推论，这是不大可能的。中日邦交恢复后，牛肉火锅、寿司之类的日式料理进入中国。初次面对日本料理，先要学习正确的食用方法和餐桌礼仪。何止中国，人们一般在引进外来的餐具时，都有一种共同心理，即尽可能地用正宗的方法来使用这种餐具，引进西餐的刀叉时也是这样的。在这一点上，古代的日本人也不会例外。如果说日本人在引进筷子时改变了其使用方法，那至少先要证明中国自古以来就是纵向摆放筷子的。

对此，笔者曾有一个假说：从日本的筷子是横着摆放的情况来看，很可能中国古代也是横放筷子的。在长期的历史发展过程中，因某种原因，中国的筷子变成纵向摆放了，而日本却还保持着以前的样子。为证实这一假说，笔者查阅了各种资料，但一时没有找到任何线索。仔细想来，这也并非不可思议。筷子的摆放方式之类的细枝末节，平时谁都不会关注，更不会有人想到要把当时的情况记录下来。

就在文献调查一无所获之时，笔者意外地从唐代的壁画中找到了证据。1987年陕西省长安县（今西安市长安区）南里王村发掘的唐代中期墓葬的墓室里发现了几幅壁画，其中一幅描绘的是宴会的场面（见彩图10）。从画面上可以清楚地看到，低矮的餐桌上，筷子是横着摆放的。

证据不止这一点。敦煌莫高窟的四七三窟的壁画中描绘的宴会场面中，筷子和调羹都是横着摆放的。另外，榆林二五窟描绘结婚场面的壁画也是个旁证（见彩图11）。虽然画面受损较大，只能看到部分画面，但很明显，男性面前的筷子是横着摆放的。这些图像资料都证明，至少在唐代之前，中国的筷子都是横着摆放的。

◇ 宋、元时代的演变

可是，横着摆放的筷子何时变成直着摆放的呢？唐代的李商隐在

《义山杂纂》的《恶模样》中指出，无礼貌的举止中，最典型的一种就是“横箸在羹碗上”（把筷子横着放在碗上）。虽然这是被《义山杂纂》痛斥的坏习惯，但无法证明李商隐的见解就代表了当时的社会常识。恰如现代的评论家会刻意批评看不顺眼的世俗习惯那样，他们只是出自个人的好恶，对社会常识和礼仪做一番批判而已。况且，李商隐所指的不良习惯是把筷子横放在碗上，并不是指把筷子横放在桌子上。其次，如果当时筷子是直放的，那么放在碗上时也会直放。由此可以推测，筷子横放在碗上，在当时是比较常见的。

实际上，清代的梁章钜在《浪迹续谈》卷八中谈及这一点时，曾证言“横箸在羹碗上”的风俗也延续至后代。据说，原本筷子横着放在碗上是一种比长辈、上司早吃完了的谦逊表示。到了明代，明太祖厌恶这个习俗，此后它才被认为是失礼的行为。

依据梁章钜的说法，在明代，餐后把筷子横放在碗上，被看作是无礼的举动。假设以此联想到，餐前将筷子横着摆放在那时已成为一种禁忌，由此推测，大概在明代之后，才形成将筷子直着摆放的习惯。

但实际情况并非如此。山西省高平市的开化寺内有一幅题为《善事太子本生故事》的宋代壁画（见彩图12）。该壁画的画面不太清晰，但还是可以看出筷子是直着摆放的。

另一幅名为《韩熙载夜宴图》的画卷是五代画家顾闳中的作品，描绘了南唐大臣韩熙载极尽欢愉的生活。但是20世纪70年代发表的新的研究成果认为，从绘画方法、画中人物的穿着和动作可推断其创作年代不是南唐，而是宋代初期（沈从文，1981）。

《韩熙载夜宴图》实际有好几种版本，细节部分有微妙的差异。故宫博物院收藏的版本上看不到筷子，而荣宝斋木版水印本上有筷子，并且是直着摆放的。后者为何出现了筷子？筷子是原画就有的，还是后世的人添加上去的？现在无法确定。但总之，筷子直着摆放的风俗在宋代以后出现了，这一点应该没有问题。

图6-1　《事林广记》插图

宋代陈元靓编撰的《事林广记》之中有描绘蒙古官吏“玩双六”的插图（见图6-1），画面右侧的桌子上，与餐食、酒壶、盆子摆在一起的，是直着摆放的筷子。《事林广记》在元代发行了增补本，广为流传。插图中混杂了元代的作品。即宋代、最迟在元代，筷子直着摆放已成为习俗。

图6-2　《金璧故事》（明代）

进入明代，印刷术取得了很大的发展，带有插图的书籍大量出版。不少插图里画有餐桌，画面中的筷子无一例外都是直着摆放的。万历年间出版的《金璧故事》（郑以伟辑）的插图就是其中的一例（见图6-2）。

◇ 从席子到桌子

纵观历史，唐至宋之间，人们的饮食和生活方式发生了翻天覆地的变化。

东汉的墓中，大量使用了雕刻有画像的壁砖。从这样的画像中可知当时的饮食和饮食习惯的一端。四川成都出土的《出行宴乐画像》（见图6-3）中，出现了东汉的宴会场面。参加者都坐在席子上吃喝，菜肴摆放在短腿的食案上。这些资料显示，东汉时的中国也与日本一样，是不用椅子和桌子的。

前文所举的陕西南里王村的壁画上，主人和客人都不是坐在席子上，而是坐在短腿的板凳上的，餐桌用的还是短腿的桌子。可见，从唐代开始，人们已不再坐在席子上了。

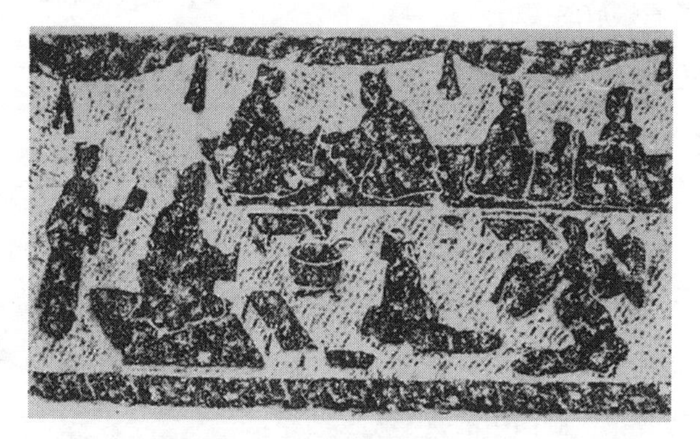

图6-3 《出行宴乐画像》（东汉）

要了解唐代风俗习惯，台北故宫博物院收藏的《宫乐图》摹本（见彩图13）是一份不容忽视的重要资料。现存的绘画是宋代的摹本，原作完成于唐代中期（沈从文，1981）。《宫乐图》描绘的是宫廷贵族边听音乐边饮茶的场面，从画上可知宫廷生活中使用椅子和桌子已司空见惯。

这幅《宫乐图》与陕西南里王村的墓室壁画的制作年代一样，都是中唐时期，但将两者做比较，可发现桌子、椅子的外形、用法各有不同。很明显，不同阶层的日常用品及其用法也有所不同。

那么，与现在相同的、使用桌子用餐的风俗习惯是何时开始的呢?

再来看一下《韩熙载夜宴图》，可知从宋代开始，椅子和桌子的用法大体与现在相差无几。当然，这幅画描绘的是居于权力中心的高层官僚，其生活与民间是无法相比的。那么，当时的庶民生活是怎样的呢?

宋代墓穴的壁画中有名为《宴饮》的图画（见彩图14）。图中的人物是墓穴的主人，身份不明。从服装和日用品上来看，不像是上层阶级，但也雇了用人，推测他是有一定的地位和经济实力的，也许是下级官员或小商人。与《韩熙载夜宴图》中精巧的椅子和桌子不同，《宴饮》中的椅子和桌子制作较为粗糙。但从这幅壁画中可知，宋代庶民的日常生活中已经普遍使用椅子和桌子了。

◇ 筷子的直放与餐刀

从席地而坐到使用椅子与桌子，这种变化与筷子的用法原本没有直接的关系。为何从宋代到元代的一段时间里，横向摆放的筷子变成了纵向摆放呢?

唐与宋之间的五代十国是一个动乱的时代。这期间，北方的游牧民族接连不断地进入中原，建立王朝。与此相伴，许多少数民族移居到汉民族的居住地。因为他们是从事畜牧业的，以肉为主食，用餐时当然使用的是餐刀。锋利的刀具一不小心就会伤着人，因此在用餐时人们很自然地会将餐刀的刀尖向着与自身相反的方向放置。这一点只需对使用刀叉的西餐饮食礼节稍做观察，就可一目了然。

实际上，品尝蒙古菜时可发现，餐刀就是纵向摆放的。五代十国时，游牧民族的饮食习惯已跨越很大区域向南迁移。不难想象，移居过来的人们仍保持着用刀的习惯，自然也会将筷子同餐刀一样纵向摆放。即使是在文化中心的宫廷，上至皇帝、游牧民族的高级官僚们也在无意识之中将筷子纵向摆放了。自古以来，宴会大多是作为显示皇帝权威的礼仪而频繁举行的。少数民族政权也以皇帝为中心，继承了宴会的传统。在这当中，筷子纵向摆放的习惯也许就逐渐渗透到了上层官僚中。再加上中国人常用横截面是圆形的筷子，在使用桌椅的生活中，将筷子纵向摆放，就可避免筷子从餐桌上掉下来。

饶有趣味的是，椅子与桌子的普及，以及筷子摆法的变化，几乎是同一时期发生的。椅子原名“胡床”，由西域传入，是一种折叠式的交椅，后来演变成近似现代的椅子。如前所述，到了宋元两代之后，桌椅在民间基本上普及。而在这期间，筷子也从横放变成了直放。尽管两者之间没有因果关系，但不啻一个引人遐想的巧合。

2. 餐桌上的箸与匙

◇ “箸”与“匙”的分工

筷子的用法是在历史中不断变化的。筷子自古就有，用餐时经常与匙一起使用。但如第一章所叙述的，春秋时代还没有用筷子吃饭的习惯。

即使到了唐代，用餐时，“箸”与“匙”的使用还是各占一半的。吃饭时，是不用筷子而用匙的。《唐摭言》卷十五《闽中进士》中记录了下面的故事。东宫的官吏薛令之因未得到重用，就将内心不满的情绪写进了下面的诗里：

朝旭上团团，
照见先生盘。
盘中何所有？
苜蓿长阑干。
饭涩匙难绾，
羹稀箸易宽。

诗的大意为，早上升起的太阳又大又圆，阳光照到了餐桌的盘子上。盘子里有什么呢？是犹如栏杆那么长的苜蓿。饭很硬，连汤匙也难以拌动，汤里几乎没有配料，筷子捞起来空空荡荡的。看到这首诗，唐玄宗非常生气，就以“不想当官的话就别干了”的意思写了一首诗[1]。读了唐玄宗的诗后，薛令之害怕了，于是就称病辞官归乡了。

从上面引用的诗的最后两句可知，当时吃饭是用匙的，而夹起汤中的配料是用筷子的。这是发生在开元年间（713—741）的事。

另一方面，随着料理种类变多，不用筷子就夹不起来的菜肴增加了。唐代的冯贽所撰的《云仙杂记》卷五中有这样的记载：“王缙饮酒，非鸭肝猪肚，箸辄不举。”（王缙这个人喜欢鸭肝、猪肚为食材的菜，喝酒时没有这两样菜就不动筷子。）可见当时的饮食习惯中夹菜肴时是用筷子的。实际上，唐代的酒席，有时会不放汤匙，只放筷子。

现代中国，筷子是主要的餐具，吃饭、吃菜都用筷子。在日本，吃炒饭、咖喱饭用汤匙而不能用筷子，这是餐桌上的礼仪常识；但在中国，炒饭也是用筷子吃的。除了吃馄饨和喝汤，一般不太用汤匙。这与用匙来吃饭的唐代有很大的不同。而在朝鲜半岛，直到现在还是用汤匙吃饭，这也许是古代习俗残存的影响。

然而，用筷子吃饭的习惯是何时开始的呢?

《东京梦华录》卷四《食店》中详细记录了宋代餐厅的外观、菜肴及客人点菜的方法。其中有一段很有意思的记录：

---

[1]薛令之的诗最后两句为“何以谋朝夕，何由保岁寒”。唐玄宗的诗为：“啄木嘴距长，凤皇羽毛短。若嫌松桂寒，任逐桑榆暖。”（《唐摭言》，［五代］王定保，中华书局1959年出版，第164页。）——译者注

每店各有厅院东西廊，称呼坐次。客坐，则一人执箸纸，遍问坐客。（每家店各自都有厅堂庭院、东西廊，以招呼并安排客人的座位。待客人落座，则有一人手拿筷子、纸花，一一询问客人所要何物。）

引文中的“纸”也称作“纸花”，是擦拭筷子用的。有意思的是，宋代的餐饮业给食客提供筷子，但不提供汤匙。

◇ 筷子与面条

上文引用的同一章中，介绍“面”的一段有以下的说法：

面与肉相停，谓之合羹。又有单羹，乃半个也。旧只用匙，今皆用箸矣。（面与肉对半的称为“合羹”。还有一种叫作“单羹”，只是面或肉一种。以前都是用汤匙吃的，现今都使用筷子了。）

“面”原文为“麪”，这一词的意思，过去与现在基本相同。过去吃面也用匙，也许不仅是餐饮业中，在家里也是这样的。

然而，吃面条，用筷子要比用勺子方便多了，这是谁都知道的事，为何到了宋代才开始使用筷子呢？其原因也许与“面”的外形有关。历史上，把煮烧的面粉食品叫作“汤饼”，但汤饼的外形不是一开始就呈细长形状的。汤饼最早像面疙瘩一样，其后又出现了薄片形的，最后才出现条状的。但到了宋代，既有团子状、面疙瘩状的，也有薄片状或条状的。前者可以用汤匙吃，后者用筷子吃。后来条状的多了，于是都使用筷子了。这样的推测应该是合理的。

面条是以小麦粉为原料的食品，在一般人的印象中是北方食物。但是到了宋代就并不是这样了。根据《梦粱录》卷十六《荤素从食店》的记载，“向者汴京开南食面店，川饭分茶，以备江南往来士夫”，意为北宋时，在首都汴京，南方人开了许多叫作南食、面店、川饭、分茶等的南方饭店，以便于江南来的士大夫光顾。“面店”就是面馆，可见面类已成为南方的食品了。细长的面很可能是作为南方食物传播到北方的。这个推测不是没有根据的。南方盛产大米，大米碾成粉可做成“米线”（也有地方称为“米粉”或“河粉”）。鉴于大米粉的性质，米线一般做得比较细。这种制面方法应用到小麦粉上，就会制作出细面来。在细长的面北上的同时，筷子也逐渐作为主食的餐具而流行起来。

面条文化的发展与宋代的商业繁荣有很大关系。从《东京梦华录》《梦粱录》等书的记载可知，当时的饮食业很发达。关于这点，从北宋张择端的《清明上河图》也可得到佐证。《清明上河图》看多了人们可能会习以为常，其实画中的汴京（即开封）的城市面貌是很“新式”的，唐代人看了定会大吃一惊。如第三章所述，唐代的长安实行“坊市分离”，除了“东市”和“西市”，其他地方不能随便开店。这对商业，特别是饮食业的自由发展是个很大的障碍。到了北宋，城市的规模扩大了，对城市的管理也放松了。皇城汴京内到处都可以开店，这是一个很大的“政策”变化。饮食业的繁荣会促进食品业的发展，食品的制作方法也会随之多样化，各地不同的食品也有了交流的机会，从而进一步促进了新食品的开发，提高了食品制作的技术水平。

面条起始于什么时代，这是文化史上的一个疑团。有人认为汉代已有，笔者对此持否定意见。这个问题与面条的定义有关。如果长条形的才能算面条，那么迄今还没有任何史料或考古发现可以证明汉代已有面条。制作和今天相同的面条，必须在面粉里放盐或碱。符合这个条件的面条出现得更晚。

食用碱和石碱不同。前者是少量的碳酸氢钠和碳酸钠的混合物，而后者的成分为水合碳酸钠。面条别名“拉面”，就是因为名副其实，是用手拉长的。仅用水拌和的面团拉不长，加了碱的面团会变得柔软并产生韧性，因此才能拉得长而不断。如兰州牛肉面里放蓬灰，就是因为蓬灰是碱性的。

加盐也可增加韧性，但效果不如碱。第二章里提到了“乌冬面”，由于这类面条不加碱而只加盐，所以拉不长，只能做成粗面条，煮熟后吃起来也没有韧劲。

从面条的发展史来看，最先只用水揉面，然后才有放盐的做法，最后才发明了放碱的制面法。只用水揉面最简单，但面团不易擀。往面团里放盐有其必然性，因为想做咸味的“胡饼”，自然会发现放盐的方法。而往面团里放碱就像第一个吃螃蟹的人，需要勇气。当然，也有可能是偶然用碱水和面而发现这一神奇的效果，要不然，发明者一定是个既富有想象力又敢于尝试的人。

中国长江以北有较多的盐碱地，或许有人看到泛白的土壤，就以为井水里含有碱，用这种水擀面会有加碱的效果。其实那是误解。呈现白色的部分是盐分而不是碱分。尤其是沿海地区，会形成酸性盐碱土，土壤呈微酸性。用水揉面做成“面条”的方法可以追溯到魏晋南北朝。《齐民要术》卷九《饼法第八十二》记载有“水引”的做法：

> 挼如箸大，一尺一断，盘中盛水浸，宜以手临铛[1]上，挼令薄如韭叶，逐沸煮。［（把面团）搓成筷子粗细的条状，切成一尺长的一段段的，盘子里盛水，（把条状的面）浸入水中，手放在盘上，把面团捺得像韭菜叶那样薄，水沸即下锅煮。］

为了验证《齐民要术》中“水引”记载的真实性，笔者曾重演其制作过程，发觉若手放锅上，则蒸汽烫手，根本不可为之。手举高虽可勉强避开蒸汽，但水滴会流入袖口，也因面团举得太高难以搓面。将面团浸在水中体现了古人的智慧。“挼”字所指动作比较复杂，可能指“搓”“捺”“捻”等动作。按前述引用中说“挼令薄如韭叶”，即要让条状面团变薄，只能“捏”或“按”，可见此处“挼”字也是这个意思。因原文的描述不详，可能有两种“挼”法。一是在水中用手指捏或用手掌按，二是从水中拿出来捏或按。笔者尝试后发现，两种“挼”法均可。因面团里含有较多水分，即使捺至像韭菜叶

[1]“铛”原意为锅，但此处疑为“盘”字之笔误。文中其后的“馎饦”一节有“挼如大指许，二寸一断，着水盆中浸，宜以手向盆旁挼使极薄，皆急火逐沸熟煮”的描述。据此，可作“铛”为旧抄本之笔误。

一样薄，面条也不会断或开裂，这就解决了不放碱等柔软剂也能做面条的难题。但这种方法做成的面条与今日的面条外观大相径庭，可以说完全没有面条的样子。因为不用擀面杖，面条表面凹凸不平；又由于边缘不切，以至于呈现不规则的波纹形。而且每根面条形状都不一样，煮熟后外观不像现在的面条。最大的问题是，做一碗面条要花很长时间。一家四口人的面条，做起来要花上大半天，从而没有什么实用性。如果作为家庭日常食品，普及的可能性很小。当然，王公贵族应为例外。《南齐书》卷三十二《何戢》记载“太祖为领军，与戢来往，数置欢宴。上好水引饼，戢令妇女躬自执事以设上焉”。这段文字意即，（南齐的）太祖当领军时，与何戢有往来。曾几次设酒宴招待。太祖喜欢吃“水引饼”，何戢就叫妻子、女儿亲自下厨，以飨太祖。为了准备一个人的“水引”，几乎倾家出动，可见制作之烦琐。一般老百姓家里，大概不会有如此雅兴去食用的。

《齐民要术》中的这段记载，包含的信息量很大。首先，直到六朝，添加盐、碱等柔软剂的擀面法还未发明。其二，切面或拉面的方法也未出现。其三，六朝的“水引”由于形状随机，故与现代的面条外观相差甚远。其四，那时的汤饼和“水引”不一样，故有记录“水引”的必要。反过来说，那时的“汤饼”很可能还不是长条形的。在《齐民要术》之后的很长一段时间里，有关面条类食品的记载很少见，很可能是因为“水引”类食品制作烦琐，食用的人很少。

面条起源于汉代之说和刘熙的《释名》有关。该书的《释饮食》中有“蒸饼、汤饼、蝎饼、髓饼、金饼、索饼之属皆随形而名之也”的记载。认为面条起始于汉代的人认为《释名》中的“汤饼”即为面条，但如前所述，证据明显不足。也有人认为“索饼”是面条。何谓“索饼”？中国的文献中很少言及，倒是在日本的史料里有较多记录。905年开始编写的《延喜式》是日本平安时代的法令集，其卷三十三《大膳职下・造杂物法》中有关于索饼的记载：“索饼料，小麦粉一石五斗，米粉六斗，盐五升，得六百七十五稿……手束索饼亦同。”（虎尾俊哉，2017）“稿（原作槀）”似为计量单位，具体不详。索饼如何制作也没有介绍。“索饼”两字是汉字标记，日文读音为mugiwara，意为“麦绳”。顾名思义，应该是绳索形的小麦粉制品。有人认为是面条类的食品，也有人认为是麻花类的油炸食品，都没有确凿的证据，推测而已。日本学者五岛邦治的解释比较可信。他说索饼是“中国点心类的一种。揉和小麦粉和米粉，放上盐做成绳索状的食品。由于其外形像绳而被称为麦绳。干燥后可长期保存，食用时煮后拌上酱、醋食用”（角田文卫，1994）。笔者粗略算了一下，每“稿”的重量为280~300克，如果是长条形的，就非常不便于加工和保存。如果和麻花一样，是粗绳形的，那就易于保存了。不过其外形和面条是相差很大的。

《释名》的撰者刘熙一般注为“汉代人”，其实他卒于东汉末年。东汉亡于延康元年，即公元220年汉献帝禅让给曹操之子曹丕那年。刘熙实际上和曹操、刘备等属同代人。而《齐民要术》成书于北魏末年（533—544）（缪启愉，1982），其间相差300多年。那是一段战乱动荡、农业萧条、民生凋敝的时期，食品制作自然不会有很大的发展。《齐民要术》记载的“水引”可以说是面条的原型，作为食品自然还是很不成熟的。

要做成与今天的面条相近的外形，必须用“切面”或“拉面”的方法。有人认为宋代的面条大多为切面（奥村彪生，2017），虽然目前尚无确切的证据，但从《梦粱录》等资料的记载来看，这种推测是有可能的。至于放碱的面条，应该出现得更晚。现有资料可以追溯到元代的《居家必用事类全集·饮食类》中的“经带面”，其中是这样表述的：

> 头白面二斤。碱一两。盐二两研细。新汲水破开和，搜比捍面剂微软。（用上好白面粉二斤，碱一两，盐二两碾碎。用新打上来的水和面，揉至比擀面时的面团稍软。）

因揉好的面要先醒两小时后再擀，其间水分会蒸发，所以开始时要多放点水，揉得软一点。其中明确提到要放碱。

做面条放碱也可称是一门“学问”。因为要准确地掌握放碱的比例。一般放面粉量的1%的碱正好，放少了没有效果，放多了面团会发黄，口味也不好，就是俗话说的“走碱”现象。“经带面”放3%的碱，应该多了些。可能考虑到碱不纯，含有杂质，所以多放。放了碱后，面团就能擀长。事实上，《居家必用事类全集》里有“捍至极薄，切如经带样”的字句。所谓“经带”是指扎四书五经等经书的带子。从上记述可知，到了元代，面条的做法和外形都和现在没有区别了。

◇ 生日吃面条的习俗始于何时？

《新唐书》卷七十六《列传第一·后妃·王皇后传》记述了一段有趣的逸事。王皇后失宠于唐玄宗，一天在玄宗面前哭泣道："陛下独不念阿忠脱紫半臂易斗面，为生日汤饼邪？""阿忠"是王皇后的父亲，为了表示对皇帝的敬意而直呼其名；"半臂"是没有袖子的衣服，类似现代的背心。王皇后的意思是："难道陛下忘了家父把紫色的背心变卖后做生日汤饼一事？"这里的"汤饼"没有提及形状，考虑到祝寿有长命面和寿桃两种，这里不能确定是团形还是长条形。值得注意的是，紫色为禁色，紫色的背心是很高贵的，或许只有皇后父母才能穿。易其紫衣而制作生日汤饼，这个汤饼应是很昂贵的。若是制作精致的寿桃，倒还可以理解，一碗面条，会花费如此多吗？当然，寿桃是蒸制的，而汤饼是水煮的，两者制作方法不同。此处提到的"生日汤饼"究竟是什么形状，还有待今后进一步的考证。

唐朝诗人刘禹锡《送张盥赴举诗》中有"引箸举汤饼，祝词天麒麟"之句。这里描写的场面是：夹住"汤饼"后，提起筷子，高高举起。但据此描写，既可以推测当时的"汤饼"可能是团状的，也可能是长条形的。要搞清楚其确切含义，必须找出旁证来。

但是，令人费解的是，笔者查了所有已刊的唐诗，却发现只有刘禹锡的诗里出现了两处"汤饼"。而刘禹锡之前的诗人写的诗里没有"汤饼"两字。不但如此，和刘禹锡同辈的诗人也没有在诗里提到面条的痕迹。如白居易和刘禹锡同年，都出生于772年，白居易比刘禹锡还长寿，卒于846年。他的诗中频频提到各种食品，却不见"汤饼”两字。

笔者认为，唐代可能还未出现与今日相同的面条，即使有，也局限于部分地区。可以举一个很有说服力的旁证。日本平安时代的高僧圆仁于838年西渡中国，他乘坐的船在长江口的北部搁浅，登陆后先到达扬州，经大运河前往山东，再途经高密等地，前往位于山西省东北部的五台山取经，然后从五台山去往长安。回国时经过洛阳、扬州等地，历经千辛万苦，于847年返回日本。

在长达10年的时间里，他几乎跑遍了整个中原地区，把一路看到的人情风俗都记录下来，汇集成《入唐求法巡礼行记》一书。该书提到了“胡饼”“馄饨”“馎饦”，却没有提及汤饼或类似面条的食品。圆仁所访之地，碰到的都是平民和僧侣，一路上也同他们同吃同住。他的记录非常细致，如果面条已经普及了的话，他在长达10年之久的时间里，一定有机会看到。不要说百姓家，就是在吃素斋的寺院里，也应该不难见到。

不像其他日常食品，面条在当时是“新食品”，对日本人来说更新奇，圆仁如果看到，一定会记录下来。没有留下记录只有一种可能性，即他在所到之地没有看见过面条类的食品。不过，面条起始于唐代还是宋代，时间上相差不很大。白居易去世与宋朝建立，时间只相差114年，大致相当于今世与孙中山创建同盟会的时间间隔。历史其实是有连续性的，晚唐与北宋前期，并不像后人想象的那样宛如隔世。

生日吃面条的习俗始于何时？关于这一点可以佐证的史料太少。据宋人马永卿《嬾真子》卷三记载：“必食汤饼者，则世所谓长命面者也。”按《宋元学案》卷二十记载，马永卿是大观（1107—1110）年间的进士，可见到了宋徽宗时，不但已经有了生日吃面条的习俗，还有了“长命面”的名称。顺便提一下，《荆楚岁时记》有“六月伏日，并作汤饼，名为辟恶”的记述。说明当时汤饼被认为有祛邪作用，但不是庆贺生日的食品。《荆楚岁时记》的撰者宗懔是六朝的南梁人，该书成书于6世纪初。这里的“汤饼”形状不明，根据前述理由，笔者认为几乎没有条形的可能性。

中国不愧为历史悠久的古国，新考古学的研究有时会有令人困惑的新发现。2005年10月，中国各大报纸发布新闻，说发现了4 000年前的面条。面条的直径约3毫米，长度约50厘米。从照片上来看，和现代的面条几无差别（见图6-4）。那么是否就此可以断言，面条有4 000年的食用史呢？笔者以为不可。首先，唐代之前的“汤饼”，都无确凿证据可以证明是条状的。即使到了唐代，史料记载依然是凤毛麟角。到了宋代，不仅各种记录多见，而且名称多为“面”。由此可以推测，到了宋代，面条的食用才开始推广开来。第二，一些研究者曾指出，中亚、西亚等把小麦磨成面粉食用的地区，总可以发掘出一系列从简单到复杂的石磨，从中可以看到石磨

图6-4　4 000年前的“面条”

的进化。但如第二章所述，在中国出土的都是已经高度发达的石磨，这说明石磨不是在本土发展起来的，而是从国外引进的。没有石磨，当然也不可能有小麦的粉食。

做一个假说，笔者认为4 000年前一部分地区可能有过面类的食品，但不知道什么原因，后来失传了，而现在的面则起源于不同的文化渊源。当然，这只是一种假说而已，要搞清真相，还有待今后进一步的研究。

◇ 用筷子吃饭

用匙吃饭的习惯，到了宋代依然留存着。据明代田汝成的《西湖游览志余》中的记载，宋高宗（1127—1162年在位）十分节俭，用餐时要准备好两套匙和筷子。端出来的餐食，他会用另外的筷子取出能吃下的量；饭也用另外的匙，盛上一人份的量。从这里可知，当时宫廷中吃饭还是用匙的。

时间向后推移，到与南宋相隔约400年的明嘉靖三十五年（1556），葡萄牙传教士加斯帕尔·达·克鲁斯访问中国。他在中国停留期间，对筷子的使用方法做了详细的观察，之后记录在他的见闻录中，留下了以下很有意思的证言：

盘子依次叠放起来，因为是精心的叠放，坐在餐桌旁的人不用把它抽出来，就能吃到想要的东西。近旁有两根华美镀金的短棍（箸），将它夹在指与指之间来用餐。他们以铁匠火箸的要领来使用这两根短棍，因而，餐桌上所有的食物都不用手触碰。他们就用这两根短棍吃一碗饭，而米粒一粒都不掉出来。（日埜博司，2002）

克鲁斯所见到的是广东省的风俗。1575年左右，西班牙传教士马丁·德·拉达（Martin de Rada）访问了中国福建。他在之后编撰的报告书《大明的中国概况》之中记载："（中国人）进餐时，没有面包，先吃肉，而代替面包的是三四碗米饭，这也是用两根棍子来吃的。"勿用解说，这里的"棍子"就是筷子。毫无疑问，到了明代，吃饭都是用筷子了。

不只是在南方，利玛窦1582年在澳门登陆，经广东省韶州（现在的韶关）、江西省南昌、江苏省南京到达北京。他1610年在北京去世，生前也访问了中国各地。在他的《中国基督教布教史》中，记录了中国人用筷子吃饭的情况。可以推断16世纪用筷子吃饭的习惯，已在中国全面普及开来了。

◇ 南北分道扬镳

从宋高宗时代到克鲁斯访问中国的1556年之间有400多年的时间。在这期间，用匙吃饭的习惯变成了用筷子吃饭的习惯。具体是什么时候发生的变化，不能确定。当然，风俗的变化不是一夜之间发生的。假定以400年的中间点作为转换点，即是在元代后期到明代前期的那段时间。

也许明王朝成立，特别是都城迁至北京，是很重要的因素。

元代是个民族大融合的时代。蒙古人勇猛善战，蒙古帝国不但统一了中国，还征服了南亚，甚至把伊朗也纳入版图。当时，元朝统治者把臣民分为四等：蒙古人、色目人、汉人、南人。值得注意的是，居住在北方的中国人被视为旧金朝的臣民，称为“汉人”，以区别于南宋的“南人”。这样的区分不是没有道理的。事实上，当时居住在北方的中国人中，包括很多契丹人和女真人。他们在进入华北地区以后，语言上很快被同化。随着时间的流逝，汉人、南人两者从外貌、穿戴上就逐渐难以区分了，但生活习俗仍有不同，饮食习惯上也有巨大差别。

与南方人用餐时主要用筷子相反，北方的中国人主要用匙（史卫民，1996）。《析津志辑佚·风俗》中有这样的记载：“人家多用木匙，少使箸，仍以大乌盆木杓就地分坐而共食之。”意即，（北方）人用木勺子，几乎不用筷子。用大盘子和木勺子，坐在地上一起用餐。这段话正好说明了北方民族将自身的饮食文化带入中原地区的情况。

明代是南方人掌握权力的王朝，最初定都南京，不久迁都北京。与朝廷、文武百官一起，很多南方人迁居北方。他们不仅将南方的食材，也将南方的饮食习惯和饮食礼仪带到了北方。也许用筷子吃饭的风俗，就因此在中国普及开来了。

3. 元代的餐饮和烹饪方法

◇ 盛大的飨宴

在马可·波罗的《马可·波罗游记》中，关于可汗主办的飨宴有以下的记录：

> 可汗的餐桌比一般人的餐桌要高许多。坐北朝南。可汗的近旁左侧是第一皇后的座席。右侧低一个台阶，入席者的头与可汗的脚平齐的层级，列坐着皇子、皇孙、皇族诸王。（中略）以下，重臣们再低一个台阶列坐。（中略）但参加飨宴的人们不是全都这样坐在餐桌前的。大部分的武臣和高官都坐在大厅里铺开的绒毯上用餐，没有指定的餐桌。以这样的方式摆列餐桌，可汗能坐在席位上遍观全部出席者。出席者的人数众多，大厅之外，还有四万多人共同用餐。（爱宕松男，1970）

此外还提到，宴会上端出的饮料，除了盛在黄金容器中的酒之外，还有“马奶、骆驼奶等特制的饮料”（出处同前）。据元代陶宗仪《辍耕录》卷二十一《喝盏》的记载，宫廷飨宴的饮酒仪式沿袭了金朝的规范。可见，当时蒙古人和女真人都是坐在绒毯上用餐的。文中没有提及筷子，由此可以推测，元代宫廷宴席不用筷子，否则马可·波罗不可能不提及这一珍奇的餐具。

最为可惜的是，马可·波罗在书中这样写道："飨宴中的菜肴、其丰富的食谱令人难以置信，关于这些的说明，这里就忍痛割爱了。"完全没有谈及当时宫廷内吃的是什么菜。

◇ 宫廷菜的主角

元朝的宫廷里有位叫忽思慧的饮膳太医。饮膳太医就是皇帝的营养师兼私人医生。忽思慧在天历三年（1330）向元文宗献上了一本名为《饮膳正要》的书，专门记述养生之道。其中记录了大量的宫廷菜，特别是《聚珍异馔》这一章列举了95种菜肴，都是为滋补强身而拟定的菜谱，也就是现在常说的"药膳"。虽然书中描述的菜肴被称为"聚珍异馔"，但与极尽奢华的唐宋宫廷菜相比，还是要质朴得多。可见，元代的可汗并没有过着山珍海味、酒池肉林的生活。

前面提到的95种菜肴中，包含了面条、馒头（鹿奶肪馒头、茄子馒头、剪花馒头等）、烧饼（黑子儿烧饼、牛奶子烧饼等）和粥类。真正意义上的菜肴应是汤类、炒菜、蒸菜、烤制食物、凉拌食物等。可能因为当时的主食是面粉食品，所以汤菜很多。豪华的主菜大都是汤品。这种汤品又可分为汤、粉（放入粉丝的汤）、羹（勾芡后的汤，或放入馄饨的汤）等。但因分类的标准不甚严格，取名"汤""羹"的菜并不一定确凿是这一类的。

书中可以窥见可汗喜欢的菜品。各种菜肴中大多用的是羊肉，肉汁作为汤头也多有使用。鹿头汤、熊掌汤等则完全不用羊肉，再加馒头、烧饼等约17种，在95种料理中只占不到18%。

◇ 元代的饮食

元代除了蒙古人，被称为“色目人”的其他少数民族也移居到了中原地区。如前所述，在元代，王朝统治下的臣民分为蒙古人、色目人、汉人、南人四等，其地位也是依此顺序从高到低。所谓色目人是维吾尔族以及土耳其、伊朗、阿拉伯等西域民族的总称，他们是准统治阶级，被赋予特权，专门掌管财政和物流。随着这些少数民族的南下移居，各民族的各种风味饮食也传入中原，使得饮食的种类及烹饪方法更加多样化了。

《居家必用事类全集·饮食类》中收录了元代的许多饮食，也详细记录了烹饪方法。1995年，中村乔先生的全译本出版了，这样就可以知晓元代饮食生活的大致方式。

《居家必用事类全集》中，“煮”“蒸”“烤”“炒”“腌渍”等现存的做法大致都能看到。另外，书中也记录了像“脍”这样的现在已不用的做法。另一方面，同样是“炒”，如今在其油量、油温、炒制时间、是否有事前准备（生炒，或是煮一下炒）等方面都分得很细，但元代的炒菜还没有这种微妙的划分。

最主要的是，在元代，炒还不是主要烹饪方法。《居家必用事类全集》中“炒”字只出现了几次，与现代的炒菜方法相同的仅一两例。蔬菜的做法仍然是以凉拌和腌渍为主的。

◇ 丰富多彩的民族饮食

《饮膳正要》中介绍了许多蒙古菜，或带有蒙古风味、但用中原地区的烹饪方法制作的菜。《居家必用事类全集·饮食类》中更有“回回食品”和“女真食品”的章节。

“回回”是元代的少数民族，古时称之为“回纥”。唐代时，回纥王自己将族名改为“回鹘”。进入元代，“回鹘”逐渐伊斯兰化，现居住在新疆的维吾尔族和回族被认为是他们的子孙。

《居家必用事类全集》中出现的“回回”可能还有另一个意思，也许包括“回鹘”以外的族群。总之，指在中国西部居住的穆斯林族群是毫无疑义的。

“回回食品”总共有12种，汉语能够理解的只有4种，其他的是用汉字的音译来标注的。除去“哈里撒”（肉酱）、“河西肺”（羊肺果仁）这2种，其他的10种全部是面点类。

“女真食品”中的女真是女真人的意思。其中记录有肉菜3种、蔬菜类1种、糕点类2种，共计6种。食材有葵菜、羊、家鸭、山鸡等，并没有值得一提的珍奇材料。之所以作为外来食品记录下来，主要是烹饪方法比较新颖。

“女真食品”中有叫作“塔不剌鸭子”的菜，意思是煮酱鸭。煮菜以前也出现过，为什么特意作为风味菜介绍呢？原因是用了酱（味噌），且要一直煮到汁水收干。中国的酱与日本的“赤味噌”一样颜色浓重。这道菜中使用的榆树酱也许就是红茶色的。去除酱的水分，烹调好的鸭子近似烤鸭。现在，中国家庭里经常做的“酱鸭”也是用同样的方法烹调的。只是，现在不大用酱，而是用酱油了。《居家必用事类全集》中，除了家鸭，鹅和鸡也都用了相同的方法来烹调，在这一点上，到现在也没有变。

4. 春卷的前世今生

◇ “春茧”不是春卷

现在的春卷已是世界性食品，不仅东南亚有，在欧美也有很多人知道“spring roll”。那么，春卷在中国到底是什么时候开始有的呢？

《梦粱录·荤素从食店》中有“市食点心……薄皮春茧、生馅馒头”的记录。这里提到的“春茧”很容易被误解为做得像春卷那样的食品。但这本书里对其做法、外形等却一点也没有涉及，所以贸然说“春茧”就是春卷是缺乏根据的。《武林旧事》卷六中也出现了“春茧”，但归入了“蒸作从食”一类，也就是说，“春茧”是蒸出来的点心，而不是油炸食品。

事实上，清朝的烹饪指南《食宪鸿秘》《随园食单》《醒园录》《调鼎集》等中都没有见到叫作“春卷”的食物，甚至在20世纪初发行的《食堂烹饪指南》中也没有“春卷”一词，“春卷”这个名称在中国最多也只有百年的历史。

◇ 春卷皮制法特点

不过类似春卷的食物过去并非没有。比如《调鼎集》中介绍了“肉馅卷酥”和“肉馅煎饼”的制作方法。前者的做法是，把肉剁成碎末，和竹笋调和做成馅，用拌油的面粉做成皮裹卷后，放在油里炸。后者的做法是，把肉和葱切细煸炒后，用面粉做的皮裹成细长的卷，再放进油锅里炸。两种食品都类似于现在春卷的制作方法，尤其是后者的制作方法和形状，与现在的春卷没有大的差别。

但无论是“肉馅卷酥”还是“肉馅煎饼”，皮的制作方法和现在都是完全不同的。现在的春卷皮是用去除了面粉中的淀粉的高筋粉做的。以往没有高筋粉时，就将和好的面团放在布袋里，吊在井水里一夜。其目的是洗掉一些淀粉，以使面团有筋。做成直径10厘米左右的面筋团，炉上放置圆形的大铁板加热，将面筋团放在铁板上轻轻地压下延展开，一张春卷皮就完成了。但在《调鼎集》中，皮都是揉捏的面粉做成的。

春卷皮的做法类似面筋的制作方法，只不过做面筋时去掉的淀粉更多，而做春卷皮时不需要去掉那么多的淀粉，只要面团有筋力就可以了。如果知道面筋的制作方法，春卷皮的做法就不难想象。那么清代人知不知道面筋的制作方法呢？回答是肯定的。其实，揉捏面粉、用水洗去其中的淀粉做成面筋的方法，早在宋代的记录中就能看到。

比如，沈括的《梦溪笔谈·辩证一》中就有“如面中有筋，濯尽柔面，则面筋乃见”的记载。

不只是《调鼎集》，清代其他的烹饪书中，也没有看到用类似做面筋的方法来做春卷的记录。也就是说，现代的春卷皮的制作方法是此后才出现的。不过虽然皮不同，“肉馅卷酥”和“肉馅煎饼”是春卷的原型，这一点是毫无疑问的。

图6-5 春卷

◇ 更像春卷的“卷煎饼”

“肉馅卷酥”“肉馅煎饼”这样的食品并非到了清代才出现。揉捏面粉做成皮，将肉和蔬菜包在里面后油炸的食品，还可以追溯到更早的年代。

在元代就出现了像春卷这类食物的详细制作方法。《居家必用事类全集·饮食类》中就记录了称为“卷煎饼”的食品的制作方法。

> 摊薄煎饼。以胡桃仁、松仁、桃仁、榛仁、嫩莲肉、干柿、熟藕、银杏、熟栗、芭榄仁，以上除栗黄片切外皆细切，用蜜、糖霜和，加碎羊肉、姜末、盐、葱调和作馅，卷入煎饼，油炸焦。

以上叙述没有详细涉及皮的制作方法，只说“摊薄煎饼”而已。但卷好后煎炸的方法与现在基本没有差别。至少春卷的原型可以追溯到这样的食品上。

但“卷煎饼”的馅所用的材料与现在的春卷完全不同，甜食颇多，加之用了坚果、果干一类的食物，其味道可能更像月饼。蜂蜜、砂糖、盐的分量也没有明确的记载，不能断言，也许味道是椒盐味的，即既有咸味又有甜味。从食材的性质来考虑，甜味的可能性更大些。

现代日本的春卷，一般是咸味的。不过，中国的春卷有咸味的，也有甜味的。最流行的是豆沙馅的春卷。现在的中国人，咸味的春卷和甜味的春卷都喜欢吃。书中记载的“卷煎饼”是用皮把馅卷起来的，从制作方法来推测，这种食物的形状应该是细长形的。从外形和油炸这两点来看，与现代的春卷很像。

◇ 春卷的原型探源溯流

有趣的是，《居家必用事类全集》中，“卷煎饼”是收录在记载少数民族食物的“回回食品”一栏里的。即，春卷的原型之一来自穆斯林饮食。

食品的起源和传播方式有难于理解的地方。“卷煎饼”被收入“回回食品”里，可能是因为当时这种食物都是穆斯林在食用。《居家必用事类全集》的作者如果与这些人不是同一时代的，是无法知道这一事实的。

不过，像春卷那样的食品，书中其他地方还有记录。同样是《居家必用事类全集》中，有叫作“七宝卷煎饼”的食品，其制作方法如下：

> 白面二斤半，冷水和成硬剂，旋旋添水调作糊。铫盘（平底锅那样的炊具）上用油摊薄煎饼。包馅子如卷饼样。再煎供（再油煎一下食用）。馅用羊肉炒臊子、蘑菇、熟虾肉、松仁、胡桃仁、白糖末、姜米，入炒葱、干姜末、盐、醋各少许，调和滋味得所用。

制作方法和馅料与“卷煎饼”大致相同，其皮子的做法甚至和现代的做法很接近。但为何“七宝卷煎饼”没有列入“回回食品”，也没有列入“女真食品”呢？看上去很不可思议，其原因也许在于食物最后完成时的那一步骤。与“卷煎饼”的“炸”相对比，“七宝卷煎饼”是用“煎”，即用少量的油来烤制。油炸食物要求包裹的馅料不能漏出来，而“煎”食物时即便饼的两端不闭合也没有关系，因此，两者的外形就可能不一样了。事实上，薄饼包裹的细长形非春卷食品，现代中国各地都有。

这样的推测是有理由的。举例来说，中国过去也有像天妇罗那样的食品。但20世纪80年代日本的天妇罗进入中国时，谁都认为这是外来食品。天妇罗的制作方法与中国历来的油炸食物只是稍有一点区别而已。但以炸的方式、风味和口感的微妙差异为判断标准，人们就认为它是外来食物了。这与元代人将“卷煎饼”看作外来食品，应该是一样的道理。

“卷煎饼”后来在中国流传甚广，似乎已没有人认为它是回回食品了。到了明代，高濂的《遵生八笺·饮馔服食笺》中介绍了“卷煎饼”的制作方法。

饼与薄饼同。馅用猪肉二斤，猪脂一斤，或鸡肉亦可。大概如馒头馅，须多用葱白或笋干之类。装在饼内，卷作一条，两头以面糊粘住。浮油煎令红焦色，或只熯熟，五辣醋供，素馅同法。（饼的做法与薄饼相同。馅子用猪肉二斤，猪油一斤，或用鸡肉也可以。馅子大致做成馒头馅子那么大小，葱白或笋干类的材料要多用。馅子放到饼上卷成长条，两头涂抹上面糊封好。用少量的油煎至金黄色，或烘烤熟后，用五辣醋做作料。素馅也是一样的做法。）

上面所说的“卷煎饼”，除了馅料用猪肉来代替羊肉及核桃、松仁等以外，其加工法与《居家必用事类全集》中的“卷煎饼”大同小异。一般来说，《遵生八笺》中的“卷煎饼”是春卷的原型，但其起源可以追溯到元代的穆斯林食品。

味觉大革命的时代

明清时代

1. 珍馐是如何被发现的

◇ 红烧大排翅才是极品

有些人仅品尝过鱼翅羹就会心满意足，自以为领略过了这道极品料理。遗憾的是，鱼翅羹是算不上正宗的鱼翅料理的。要真正知晓鱼翅的美味，非品尝红烧大排翅莫属。虽然价格不菲，但中国菜的精华都凝聚在这道菜肴中，即使变卖家当也值得一尝。而鱼翅羹之类，不过是骗骗小孩子的东西。

从鲨鱼的背鳍或尾鳍中取出的鱼翅，呈新月或半月状。除去最上品的，最宽的地方大的也就八九厘米，一般的只有五六厘米。红烧大排翅是仅用这部分做出来的。除此之外，都是筋筋丝丝的剩余部分。鱼翅羹就是用这些零零碎碎的部分做出来的。虽然也是鱼翅，但最多也不过是“废物利用”罢了。

中餐厅里的鱼翅羹成本较低，容易赚钱，徒有高档菜之名而无其实。尽管如此，客人在不知情的情况下，反而会当它是珍奇的料理来品尝，满足而归。

鱼翅是鱼鳍的软骨部分，本来是没有味道的。为何会被做成珍奇菜，成为世人之宠呢？当然有物以稀为贵的理由，然而原因不仅在于此。

图7-1 鱼翅

品尝一道好菜有各种角度。外观的豪华、造型的精美固然是需要的，最为重要的还是味道鲜美，追求的是诱人的香味和极佳的口感。红烧大排翅就包含了这两个特征。其一是独特的口感。像明胶那样的滑润柔软，与蒸煮透以后还留存下来的很有弹性的软骨绝妙组合，带给舌头和牙齿令人爽快的刺激。

其二是鱼翅的浓厚美味。在烹调红烧大排翅时，极上品的高汤是不可或缺的。其汤汁一般是用煮透的鸡鸭或火腿汤来做的。煮至黏稠状的浓汤再勾芡后，汤汁中的精华部分就会包裹在软骨周围，渗入线丝状的鱼翅中。汤汁中的油分已被去除，给人一种浓郁味觉的同时，却不感到油腻，这道菜之所以美味可口，其秘诀就在其中。红烧大排翅不是靠食材的自然风味，而是靠人工合成的风味取胜的。

◇ 鱼翅是南方食物

鱼翅是何时“发现”或“发明”的呢？翻遍史书，也找不到秦始皇或唐宋皇帝乃至元代可汗食用鱼翅的记录。《马可·波罗游记》里也无迹可寻。

方济各会传教士奥多里可（Oderico）1314年赴东方传教，途经各地后，于1325年抵达北京。他到过福州、南京、杭州、扬州等大城市，曾记录下广州人吃蛇肉的风俗，说丰盛的宴会上必有蛇肉。也提到扬州的宴请习惯，但没有言及鱼翅。类似的证据不胜枚举。依据笔者的查阅，食用鱼翅的历史最多不过400年。而且，最初只局限于沿海地区。鱼翅在全国推广开来，被世人宠为珍奇之味始于清代中叶。也就是说，它作为高档菜而广为知晓，最多也只不过是约300年以来的事。

关于鱼翅的记载，可以追溯到明代李时珍的《本草纲目》。该书鳞部卷四十四《无鳞鱼类》“鲛鱼”中有“古曰鲛，今曰沙，是一类而有数种也，东南近海诸郡皆有之。形并似鱼，青目赤颊，背上有鬣，腹下有翅，味并肥美。南人珍之”（过去称为“鲛”，现在叫“沙”，同一种类中有多个品种，东南沿海各地都有。形状像鱼，眼睛为蓝色，头部发红，背上有硬鳍，腹下有翅，味道非常美味，南方人把它当作珍馐）的记载。《本草纲目》是在万历二十四年（1596）出版的，可知16世纪末鱼翅已被人们食用。

而李时珍的《本草纲目》中“南人珍之”一词显示，也许当时别的地方并不吃鱼翅。最初由于烹调的方法不同，其味道也许各不一样。没有独特的加工、烹调的方法，鱼翅可以说是味同嚼蜡。之所以说鱼翅在明代未推广开来，这是有据可寻的。譬如，万历年间居住于杭州的高濂所撰写的《遵生八笺》中介绍了许多菜品及其烹调的方法，而关于鱼翅则一句也未提及。

◇ 明朝皇帝也不知鱼翅味

明太祖朱元璋喜欢吃什么料理，目前尚无足够的历史信息来窥视其全貌。万历二十九年（1601）进入宫中任职的宦官刘若愚在《酌中志》中的记载“先帝最喜用炙蛤蜊、炒鲜虾、田鸡腿及笋鸡脯，又海参、鳆鱼、鲨鱼筋、肥鸡、猪蹄筋共烩一处，恒喜用焉”是有关明代宫中御膳的一个重要证言。他所介绍的是穆宗之后的宫廷见闻。文中未明确“鲨鱼筋”是什么。据《本草纲目》，“鲨鱼”在明代是指虾虎鱼科的河鱼，并不是现代汉语中的意思。“鲨鱼筋”也许是指那种鱼的鱼鳔。总之不会是鱼翅。其烹饪方法也与后来的鱼翅的烹饪方法很不相同。

宫中的名菜，刘若愚举出了“烧鹅、鸡、鸭”“冷片羊尾”“糟腌猪蹄、尾、耳、舌”等二三十种，其中没有鱼翅。另外，在宴会菜品中，列出了兔子、长城之外捕到的貂等，也没有提到鱼翅。从这些情况来看，可知当时鱼翅餐还未传至北京。

明朝的皇帝是南方人。如果当时长江下游有鱼翅餐的话，肯定会被带进宫中。因此可以推论，不仅北京，江南一带当时也还没有鱼翅餐。

明代访问中国的传教士们的见闻录是另一个旁证。利玛窦的《中国基督教布教史》中描绘了明代宴会的场景。

> 我们吃的东西，中国人大致也都吃。中国人把菜肴烹调得很好吃。他们并不十分关注摆上餐桌的每一盘菜肴。他们评价一场宴会的好坏，不是看菜肴的内容，而是看菜肴品种的多少。（川名公平、矢泽利彦，1982、1983）

另外，1556年前后访问中国广州的加斯帕尔·达·克鲁斯（见第四章）也有相近的记载：“鹅、鸡、鸭等食物，有的烤，有的煮。其他的还有许多肉和烹饪好的鱼。我曾经看到店门前吊着整个烤的猪。”（日埜博司，2002）克鲁斯甚至还详细记录了烹饪青蛙的场面，但他的记录里也未提到鱼翅。

◇ 17世纪的汤煮排翅

明末清初有一本叫作《正字通》的词典，其中有关于鱼翅的记载：“海鲨，青目赤颊，背上有鬣，腹下有翅，味肥美。”[1]与《本草纲目》中的内容基本一致。相关词语在辞书中出现，可能意味着之

---

[1]此句译文转引自《古代汉语词典》，商务印书馆1998年版。——译者注

前就已为人们所知了。

《正字通》较早的版本是康熙二十四年（1685）的刻本。关于其作者有两种说法：一是清代的廖文英之作；另一说称是明末张自烈所撰，清代的廖文英购得其稿本，作序言冠于卷首，当作自己的著述出版了。总之，此词典刊行于17世纪是可以肯定的。

事实上，到了17世纪，饮食典籍中也出现了鱼翅。1629年出生、1709年去世的朱彝尊在《食宪鸿秘》中首次详细介绍了鱼翅的烹饪方法。

> 治净，煮。切不可单折丝，须带肉为妙，亦不可太小。和头鸡鸭随用。汤宜清不宜浓，宜酒浆不宜酱油。［洗净，煮透后切。须要带肉为好，不可弄成丝状、零零碎碎的，也不可切得太小。需要时和鸡、鸭同时使用。（煮汤时）以清澈为好，不可过分油腻；调味用酒为好，不宜用酱油。］

除了不用酱油这一点，与现代的烹饪方法十分相似。但现在用的鱼翅是干货泡发后烹调的，不带鱼肉。清代初年，鱼翅是与带鱼肉的部分一起烹饪、食用的，所使用的材料可能都是新鲜的。朱彝尊出生于长江下游，为编撰《明史》，移居北京。不过，在他的《食宪鸿秘》中未记述鱼翅是哪个地区的菜。

◇ 干发的鱼翅

美食家袁枚显然知道鱼翅的味道。《随园食单》中，有“鱼翅难烂，须煮两日才能摧刚为柔”的叙述，并介绍了两种鱼翅的烹饪方法。其一如下所示：

> 用好火腿、好鸡汤，加鲜笋、冰糖钱许煨烂。（用上好的火腿、上好的鸡汤，加上鲜笋和一钱多的冰糖一起煨烂。）

这是汤煮排翅的烹饪方法。从“鱼翅难烂”这句话中可推知，这道菜很可能用的是鱼翅的干货。袁枚是比朱彝尊晚约一个世纪的人，因而可推知到了18世纪，与现在一样，使用的是鱼翅干货。新鲜的鱼翅，只有在沿海地带才能吃到，如日本宫城县气仙沼市是鱼翅产地，当地就有新鲜食用的例子。而干货则保存时间长。在交通还不发达的时代，没有干货，鱼翅要推广到其他地区，也许还要花更长的时间。

不只是汤煮排翅，《随园食单》中也介绍了鱼翅羹的制作方法。

> 纯用鸡汤串细萝卜丝，拆碎鳞翅，搀和其中，漂浮碗面，令食者不能辨其为萝卜丝、为鱼翅……用火腿者，汤宜少；用萝卜丝者，汤宜多。总以融洽柔腻为佳……萝卜丝须出水二次，其臭才去。[切细的萝卜丝串入鸡汤里，把鳞翅拆碎，掺和到汤中。（做好以后，细鱼翅和萝卜丝都）漂浮在汤的表面，使吃的人辨

不清哪是鱼翅，哪是萝卜丝……用火腿煨鱼翅，汤应当少一些；用萝卜丝串入的做法，汤应当多一些。不管如何，都是以融洽柔腻为最好……切细的萝卜丝必须出水两次，才能去其味道。]

鱼翅羹中使用的丝条状鱼翅，来源于加工中断裂的边角料，这一点是朱彝尊《食宪鸿秘》中不曾有的一种“发明”。不清楚这种吃法是何时出现的，但可以肯定，鱼翅羹是在汤煮排翅之后才出现的。从添加萝卜丝一事可知，当时的鱼翅可能价格较为昂贵，所以要用萝卜丝来滥竽充数，否则就没有这个必要了。

◇ 鱼翅烹调法的进化

正因为鱼翅是新出现的食物，其烹饪方法的进步非常迅速。比袁枚晚将近60年出生的梁章钜在其撰写的《浪迹三谈》一书中这样批评袁枚的说法：

惟随园谓鱼翅须用鸡汤搀和萝卜丝漂浮碗面，使食者不能辨其为萝卜丝为鱼翅，此似是欺人语，不必从也。随园又谓某家制鱼翅，单用下刺，不用上半厚根，则亦是前数十年前旧话。（《随园食单》的“鱼翅羹要加鸡汤和切细的萝卜丝，使之漂浮于汤的表面，令食者不能辨”的话有点在骗人，不可相信。《随园食单》又说“某家做鱼翅时，只用鱼翅的尖头部分，而不用根部”，这也是几十年前的旧话了。）

梁章钜说袁枚在骗人，其实是反映了烹饪方法的变化。袁枚想必品尝过《随园食单》中介绍的鱼翅羹。但半个多世纪后，这已变成了过去的饮食方法。随着烹饪方法的不断改进，同一种食物，与以前相比，味道可能也变得很不同了。

李化楠的《醒园录》中介绍了汤煮排翅的烹饪方法：

鱼翅整个用水泡软，下锅煮至手可撕开就好，不可太烂。取起，冷水泡之，撕去骨头及沙皮，取有条缕整瓣者，不可撕破，铺排扁内，晒干收贮磁器内。临用，酌量碗数，取出用清水泡半日，先煮一二滚，洗净，配煮熟肉丝或鸡肉丝更妙。香菰同油、蒜下锅，连炒数遍，水少许煮至发香，乃用肉汤，才淹肉就好，加醋再煮数滚，粉水[1]少许下去，并葱白再煮滚下碗。其翅头之肉及嫩皮加醋、肉汤，煮作菜吃之。

这已与现在的烹饪方法没有什么两样了。鱼翅的干货是用切下的背鳍或尾鳍直接晾干制成的。它保持着鲨鱼背鳍或尾鳍的原样。用水泡软后，把鲨鱼皮剥下，才能取出鱼翅。上面引用的《醒园录》前半部分，介绍的就是取出鱼翅的方法。这里特别值得注意的是“粉水少许下去”这句话，烧排翅最后勾芡，《醒园录》是第一次提及，之前

[1]原注为“粉水：豆粉和之以水的芡汁”。——译者注

袁枚等都是清煮而已。

李化楠与袁枚大致是同时代的人，《醒园录》是李化楠的儿子李调元整理后出版的，可能在整理、编撰时做了加工。李调元是1734年出生的，去世的时间不明，推测是在嘉庆年间（1796—1820）。总之，最迟在18世纪末或19世纪初出现了与现在基本相同的鱼翅菜品。

◇ 鱼翅的大流行

18世纪中叶后的半个世纪里，鱼翅迅速普及开来。梁章钜在《浪迹三谈》中记录了其中的一端。这是个很重要的线索，说明从那时起鱼翅已作为上品菜登上了宴会的餐桌。

> 近日淮、扬富家觞客，无不用根者，谓之肉翅，扬州人最擅长此品，真有沈浸醲郁之概，可谓天下无双。似当日随园无此口福也。（最近，扬州的有钱人在招待客人时，都用鱼翅这个菜，名为“肉翅”。扬州人最擅长做这个菜，做出来味道浓郁，回味无穷，可说是天下无二的极品。作《随园食单》的袁枚那时似乎没有品尝这等美味的口福。）

可见当时鱼翅已成为豪华食物。有钱人在宴会上用鱼翅来招待客人，是因为社会上已承认这种食物是珍奇美味了。而袁枚未有机会品尝这样的美味，正显示了鱼翅烹饪方法在历史发展进程中的变化之剧烈。

之后的饮食典籍中记载了同样的情况。如乾隆三十年（1765）出版的《本草纲目拾遗》中有这样的记载：

> 今人可为常嗜之品，凡宴会肴馔，必设此物为珍享。其翅干者成片，有大小，率以三为对，盖脊翅一，划水翅二也。煮之折去硬骨，检取软刺色如金者，沦以鸡汤，佐馔，味最美。［鱼翅是现今的人们都嗜好之菜肴，在一般的宴会菜肴中都被视为珍品。鱼翅的干货呈板状，有大有小，三块成一组。包括背鳍一块，（腹部）划水的鱼翅两块。煮后去除硬骨，取出金色的软刺备用。用鸡汤煮透后制作，味道最为鲜美。］

宴会备菜必用鱼翅，从这点上来看，当时的鱼翅已不是少数人才能吃到，而是很多人都能品尝到的菜肴。

《本草纲目拾遗》中只介绍了汤煮排翅，未提及鱼翅羹。也许品尝过汤煮排翅的人，对袁枚所说的那种小家子气的吃法已不屑一顾了。

◇ 不喜欢海鲜的满族人

读《红楼梦》后，笔者有一件事无法理解，那就是全篇没有一处出现过鱼翅。在这样的长篇小说中，有如此众多的珍品美味登场，贵族们尝尽的美食都在其中，却未提及鱼翅一句。与此相比较，不管是在菜肴中还是甜品中，燕窝却反复出现。这究竟是什么缘由？

解开这个谜团的关键，或许在于满族人的饮食习惯。根据《清稗类钞》中的描述，清朝的康熙皇帝厌恶奢侈，一日只进两餐。一日，大臣向康熙皇帝报告了干旱造成饥饿的情况，康熙怒斥奏报的大臣："尔汉人，一日三餐，夜又饮酒。朕一日两餐，当年出师塞外，日食一餐。"康熙的饮食生活十分朴素，特别讨厌海产品。

到了乾隆皇帝时，宫廷的习俗因汉民族的饮食文化所染，饮食也逐渐奢侈起来。根据清王朝的宫廷记录，乾隆皇帝的一顿晚餐里，有两样用燕窝做的菜。但乾隆皇帝也讨厌海鲜。在遗留至今的菜单中，鱼翅、海参、虾、鲍鱼等海产品一概没有。赵荣光所撰《满汉全席源流考述》一书旁征博引地对所谓"满汉全席"的称谓、真伪、源流及演变做了精辟的阐述，其中提到了乾隆皇帝下江南时的菜谱。据《清宫膳底档》中《江南节次膳底档》记述，乾隆四十五年（1780）2月14日早膳至2月17日晚膳，丰盛的菜单里没有出现鱼翅。而燕窝倒提到过四次，鸡肉、羊肉、猪肉也用得较多。[1]

有趣的是，乾隆皇帝的随从有可能吃过鱼翅餐。李斗《扬州画

[1]清宫膳底档《御茶膳房簿册》，第一引用：赵荣光：《满汉全席源流考述》，昆仑出版社2003年版，第236—238页。

舫录》中记述了地方官府在接待随从百官时的菜单，其中“第一分头号五簋碗十件”里有“鱼翅螃蟹羹”以及“燕窝鸡丝汤”“海参汇（烩）猪筋”等10道以上的菜。随从的百官中应该满人和汉人都有，从这个角度来看，菜单里有鱼翅也是可以理解的。

满族人原本是生活在东北内陆地区的，几乎没有机会接触海产品。不仅是皇帝，贵族们在刚南下时，也不喜欢海产品。《红楼梦》里的主人公们没有吃鱼翅，可能也是这个原因吧。

事实上，《红楼梦》中鱼类和贝类的名称出现得很少。小说中出现了40多种菜肴的名称，水产品只有蟹一种。而鱼或虾只在庄园上缴的食材单上出现过。其中包括鲟鳇鱼两条、各色杂鱼200斤、海参50斤、大对虾50对、虾干200斤等。这里面还包括了杂鱼、虾干等淡水产品，总体来说，海产品是最少的。与此相比较，肉在种类上和量上都占了压倒性多数。（《红楼梦》第五十三回）

上面的食材单中出现了鲟鳇鱼[1]，还有在第二十六回里，生日礼物送的是鲟鱼。也许不能断言他们从不吃鱼翅。但即使有，量一定也很少，小说里出现的次数加起来只有三次。从《红楼梦》里出场的大家族的人数来看，很难想象它是经常食用的菜肴。鱼翅至少不是他们所喜欢的菜肴。

[1]此处的“鲟鳇鱼”是接近鲨鱼的一种鱼类，海鱼、淡水鱼都有。——译者注

◇ 鱼翅登上清朝的御膳餐单

除了海产品，乾隆皇帝的饮食习惯与汉族的已相当接近。据《清稗类钞》记载，乾隆皇帝微服视察江南时，对寺院里端出来的素斋非常满意，大加褒奖：“胜鹿脯熊掌万万矣。”另外，此后清朝宫廷中开始流行苏杭菜，也被认为是乾隆皇帝下江南后带回来的“土特产”。

御厨中有很多都是汉族人，随着时代的演进，皇帝的喜好也越来越接近汉族人了。清王朝中期以后，在饮食上已很难察觉满汉之间的区别。光绪皇帝也好，末代皇帝溥仪也好，都吃过鱼翅餐，特别是光绪皇帝，非常喜欢。

清朝末年，高级宴会都以主菜来命名。《清稗类钞》中举出了几种高级宴会的名称，如“烧烤席”“燕窝席”“鱼翅席”“海参席”等。最高级的是烧烤席。其中整烤的乳猪是主菜。当然，除了烤整只的乳猪，也有燕窝和鱼翅。

烧烤席之后是燕窝席，是以燕窝为主菜的宴会，是专门招待贵宾时所设的宴席。客人入席后，先上大碗的燕窝。如果是用小碗端出来的，就不能称为燕窝席了。有用燕窝做成的菜品，也有加冰糖做成的甜品。

同样，鱼翅席、海参席分别是用鱼翅和海参做主菜的酒宴。

在汉语中有“鱼翅海参”这样的表述，是美食的登峰造极之意，也是现代汉语中才有的表达。鱼翅终于在19世纪登上了珍奇美食的顶峰。

鱼翅从清代中期后才开始逐渐多见于餐桌，是有其缘由的。中国虽然是鱼翅的消费大国，却不是鱼翅的主要产地。据日本学者松浦章考证，在江户时代，大批海产干货从日本长崎输出到中国[1]。但由于一系列的历史原因，在明代和清初，两国的海产干货交易量仍限制在较小的范围内。明朝初期，朝廷为了抵御倭寇而制定了“禁海令”，对日贸易受到很大冲击。其后，为打击东南沿海的走私及海盗势力，海禁政策一直持续到明朝末期。

到了清朝初期，郑成功以台湾为根据地，图谋“反清复明”。为打击郑氏政权，防范其和大陆沿海的联系，清政府发布了“迁界令”，自广东至山东，凡沿海30里以内的居民均被强制移居至内陆。

1683年，郑成功的儿子郑经降清后，清政府撤销了“迁界令”。1684年，康熙皇帝颁布“展海令”，允许民间船只出海，此后两国贸易额大幅度增加。据日本《唐蛮货物帐》记载[2]，1709年，从长崎回国的七号船装有475.5斤的鱼翅，此外还有1 573.5斤的干鲍鱼、6 164斤的干海参。这仅是一艘船的量，一年的贸易量可推而知之。此后，海产干物的贸易量逐年增长，到了18世纪中后期，每船装载的鱼翅超过1 000斤。进入19世纪以后，鱼翅的进口量仍有增无减。1862年，江户幕府的官船“千岁丸”前来上海时，装载了1 800斤鱼翅、2.43万斤干海参、3.6万斤干鲍鱼。

[1]松浦章《江户时代从长崎出口到中国的干物海产》，《关西大学东西学术研究所纪要》第四十五辑，2012年4月，第47—76页。

[2]《唐蛮货物帐》（上、下），内阁文库1970年版，影印本。第一引用，松浦章同上。

据日本驻天津领事馆的报告书《清国天津市场海产物景况》记载，当时黑、白两种鱼翅消费占大头，肉厚的最受欢迎。台湾产的白鱼翅煮熟后膨胀如雪，味道极佳，无奈价格昂贵，几乎无人问津。南洋进口的叫“堆翅”，系煮过后再晒干的，因消费量少，故其价格也不稳定[1]。总而言之，鱼翅是在18世纪中期，从日本的进口量增加后，才在全国范围内普及的。

2. 味觉革命——辣椒传入中国的过程

◇ 革命家嗜辣

近代中国有许多喜欢刺激性辣味的革命家。湖南出生的毛泽东是这样，四川出生的邓小平更喜欢辣。与此相对应，国民党的领导人当中，基本没有喜欢吃辣的。广东出生的孙文不用说，浙江出生的蒋介石，四大家族中上海出生的宋子文（祖籍海南文昌）、山西出生的孔祥熙（祖籍山东）、浙江出生的陈果夫和陈立夫兄弟都不喜欢吃辣。

1949年中华人民共和国成立之前，以江浙财阀为后台的国民党

[1]《通商汇编》，三省堂1889年2月。松浦章同上。

统治中国。政治家和企业家大多喜欢扬州、苏州、杭州、宁波等地的南方菜。当时的政治中心南京、工业城市及金融中心上海都位于长江下游。

南京是古都，靠近扬州和苏州。这两座城市各有着历史悠久的扬州菜和苏州菜。而作为新移民城市的上海，市民中祖籍在江苏和浙江的人很多。江苏与浙江的饮食传统上基本不用辣椒。事实上，20世纪40年代初，上海餐厅中，苏州菜餐厅与无锡菜餐厅占半数以上（岳庆平，1994）。当时并非没有四川菜餐厅，只是味道和现在的川菜或许相差很大。20世纪20年代访问中国的后藤朝太郎在《中国料理通》中这样记载道：

> 即便如四川菜，也带有蔬菜料理的特色，以蔬菜为主，颇合日本人的口味。

此书是作者依据在中国的见闻而撰写的，可见当时的川菜并没有给人带来辛辣的印象。

金子光晴1928年来到上海，在中国逗留了5年左右。其后撰写的《骷髅杯》中出现了宴会的场景：

> 无论是“燕席”（燕窝为主菜的宴席——引用者），还是“翅席”（鱼翅为主菜的宴席——引用者），一桌宴席有二十八道菜，被招待的宴会有两场，上午的一场十一点在小有天开始，三点半左右结束。没有休息，直接赴第二场的餐馆陶乐春，参加

五点开始的宴会。

经5年的长时间逗留，金子光晴把中国的情况摸得一清二楚。如果当时很流行食辣的话，其定会在哪里遇上的。

当然，并不是说当时的中国没有辛辣菜品。《清稗类钞》中记载了四川、湖南、湖北的人都喜欢吃辣。但这种菜品还停留在家常菜的范围内。

◇ 辣椒何时传到中国

辣椒原本不是中国产的，是明朝末年由海外传来的。大航海时代，辣椒从原产地墨西哥、亚马孙等地区向世界传播，各地区的人们也开始种植辣椒（周达生，1989）。关于这一点现在已没有异议了。事实上，万历二十四年（1596）出版的李时珍的《本草纲目》中还没有关于辣椒的记载。因此，辣椒在中餐中的使用，不过300多年的历史。以至于以辛辣作为卖点的川菜，过去也是不用辣椒的。

图7–2　辣椒

当然，在辣椒从国外传来之前，四川人和湖南人就喜欢吃辛辣的食物。芥子很早就是调味料，元代的贾铭在《饮食须知》中从养生的观点介绍过芥子的效用。

辣椒进入中国后，中国人食用芥子的习惯并没有改变。李渔的《闲情偶寄》中有着这样的记载：“制辣汁之芥子，陈者绝佳，所谓愈老愈辣是也。以此拌物，无物不佳。”（制作辣汁的芥子，越陈越好，都说越老的芥子越辣。以这样的调味品烹调出来的菜肴都是很美味的。）说明到了清代，芥子仍旧是调味料。正因为原本有这样的嗜好，所以辣椒能够很快地被中国人所接受。

不过，需要注意的是，辣椒是何时被用于烹饪并推广开来的。调查发现，辣椒不是一进入中国就在烹饪中使用的。很刺激的辣菜出现并进入饮食文化中心，是此后很久才发生的事情。

◇ 18世纪辣椒在饮食中仍毫无踪迹

先来看看清初的饮食典籍吧。明朝末年出生的朱彝尊的《食宪鸿秘》中出现了“辣汤丝”，是用猪肉、蘑菇、竹笋切细制作的汤。但一查制作方法，并没有用到辣椒，只是在汤的表面撒了点芥子而已。还有一款菜肴叫作“辣煮鸡”，煮法如下：“熟鸡拆细丝，同海参、海蜇煮。临起，以芥辣冲入。和头随用。麻油冷拌亦佳。”（煮透的鸡扯成丝，同海参、海蜇一起再煮。盛碗之前，放入芥子。各种浇头都可拌入。凉了以后拌上麻油，口味也很不错。）“辣煮鸡”是现在的“棒棒鸡”的原型，虽然味道辛辣，却并没有用辣椒。

另一个值得注意的地方是，清代以后，用芥子的菜，在量上并没有增加。《食宪鸿秘》只记载了一样菜。当然，这本书并没有网罗清代中国所有的菜。但从记述下来的菜品种类来看，都是很有代表性的。17世纪的中国，辣椒尚未在饮食文化的中心位置出现。

那么，18世纪的中国有什么变化呢？1798年82岁去世的袁枚可以说是18世纪的见证人。但堪称饮食百科全书的《随园食单》却没有一处提到辣椒。袁枚特别用一个章节来介绍调味品和香料，详细说明其作用与使用方法。种类涉及酱、食用油、料酒、醋、葱、花椒、生姜、肉桂、砂糖、盐、大蒜等十多种，但没有辣椒。还有，煮羊头、羊肚羹之类的菜使用了胡椒，而辣椒的使用在任何一个菜里都没有出现。也没有看到辣椒作为蔬菜食材的记录。

袁枚出生于杭州附近，曾任江浦、江宁（现在的南京）等地的知事。据他本人在《随园记》里所述，38岁从陕西引退后，他便居住在坐落于江宁小仓山麓的随园。这是他大约4年前购入的别墅，经过隐退后的精心经营，成了享誉四方的名园。袁枚在那里度过了大半生。他的生活半径一直局限在江苏、浙江一带，或许因此他并不了解川菜。

◇ 四川人也不吃辣椒

四川人是何时开始普遍吃辣椒的呢？笔者曾多方查阅，但仍未查到记录18世纪川菜的史料，幸好有四川出生的人写的饮食书，就是前面提到的《醒园录》。

然而，翻阅此书，仍然看不到辣椒的踪迹。根据序言中的记述，此书是作者在江南任职时收集的菜谱的汇编。如果是这样，没有出现辣椒并非不可思议。但《醒园录》却又介绍了四个芥子菜的烹调和加工方法。如果著者有吃辣椒的习惯的话，涉猎一点芥子与辣椒在风味上的不同，也未尝不可。然而，并未见到这样的记录。

18世纪时，四川的老百姓是否已经食用辣椒？至少目前仍无确凿证据来下结论。不过相对其他地区，四川人似乎更容易接受这种辛辣调味品。但在当时的四川，即便辣椒已成了老百姓的日常食品，或许士大夫中也不一定有这样的风俗。这绝非毫无根据的推测。明朝《本草纲目・果部》卷三十二出现了名为“食茱萸”的辛辣调味品。据李时珍记载“（民间）自古尚之矣，而今贵人罕用之”（古人尊崇此物，然今日上流人士亦用之甚少）。

对香料的嗜好不仅有地域的差异，同一地区，不同的阶层间差异也很大。明代如此，清代也有可能一样。顺便提一句，李时珍描述的食茱萸为“高木长叶，黄花绿子，丛簇枝上。味辛而苦”。很明显，《本草纲目》中所说的食茱萸和辣椒完全不同。按照李时珍的描述，食茱萸应为落叶小乔木，而辣椒是茄科一年或有限多年生草本植物。两者完全不一样。不过，作为辛辣调味品，两者有相像之处，都有刺激食欲的作用。

◇ 19世纪：辣椒的亮相

19世纪，辣椒终于在饮食典籍中出现了。1861年初版的王士雄的《随息居饮食谱》中，以“辣茄”的名称介绍了辣椒。从书中“种类不一，先青后赤”的记述看，可能是一种相当辛辣的辣椒。不过，这种辣椒并未归入《蔬食类》，而是与花椒、胡椒、肉桂等放在一起，归在《调和类》（调料作料一类）中的。很明显，当初辣椒并不是作为新鲜的蔬菜来食用的。但用作调味料出现在什么样的菜中、如何使用，却没有任何说明。同一本书中也没有一道菜用到辣椒。

需注意的是书中说到“辣茄”时的“人多嗜之，往往致疾”一语。作者王士雄是浙江海宁出生的，也在杭州、上海生活过。这可能表明19世纪中叶，辣椒在某种程度上已在长江下游地区的百姓中传播开来了。但读书人对这种新来的食物似乎仍有强烈的偏见。

关于辣椒的名称，那时有多种说法。《随息居饮食谱》中举出了“檓”“越椒”“辣子”“辣虎”“辣枚子”等辣椒的八个别名，并称“各处土名不一”；而方言不同，其名称各不相同的情况，正说明对辣椒的嗜好已分布得相当广泛了。顺便提一句，《本草纲目》中，“檓”“越椒”“辣子”是“食茱萸”的别名。同一名词在不同时代的不同资料中有可能指完全不一样的东西，这点要特别注意。

◇ 宫廷菜里无辣椒

那么，宫廷菜的情况呢？刘若愚的《酌中志》记载，明代每年滇南、五台山、东海、江南、苏北、辽东等各地，都向宫廷奉献各种食材，但未见到辣椒出现。调味料中有芝麻油、甜面酱、豆豉、酱油、醋等，也没有辣椒。

书中还记载了农历正月十五元宵节期间庆祝节日所用的菜，其中有“麻辣活兔”一菜。但这是怎样一道菜，并没有详细说明。接下来的清代，《调鼎集》里也出现了名为“麻辣兔丝”的料理。

> 切丝鸡汤煨，加黄酒、酱油、葱、姜汁、花椒末，豆粉收汤。

没有用辣椒，加了花椒，因此菜名有“麻辣”两字。应与《酌中志》中的“麻辣活兔”中的“麻辣”是同一种味道吧。没有辣椒也能做出这样两种味道来。至于有没有用兔肉，为何菜名叫“麻辣活兔”，则是个未解之谜。

《酌中志》中举出了数十种宫廷中的名菜，除了前面提到的“麻辣活兔”外，还有名为“辣汤”的一道菜，是到了11月，为防寒而每天早上要喝的汤。现在，为了防寒经常也要喝姜汤。而此处所说的“辣汤”也许是同一种类型的东西。至于其他用到辣椒的地方，却一个也没有发现。

即使到了清代，辣椒仍然没有进入宫廷。而满族是连吃芥子的习惯也没有的。《红楼梦》中描写了用醋做的菜，还有其他各种各样的烹饪方法，但辣菜却一次也没有出现过。

◇ 辣椒的大进军

19世纪以后，辣椒在西南地区的百姓中间逐渐推广开来。不只是四川，据《清稗类钞》记载，湖南、湖北、贵州等地的人都非常喜欢吃辣，特别是湖南、湖北，无论什么山珍海味放在桌上，没有芥子和辣椒，就没有人动筷子。

曾国藩任两江总督时，有一下级官僚贿赂为曾国藩做菜的厨师，打听上司在饮食上的喜好。这位厨师回答道："该做啥就做啥，不用多想。每样菜由我过目就行了。"某日，他做了个燕窝料理，让厨师过目，厨师拿出个竹筒，胡乱撒上些调味料。问其中缘由，厨师透露了这样的秘密："辣椒粉，曾国藩最喜欢的东西。每样菜只要撒上这，肯定会被褒奖。"之后那下级官僚依样行事，果然如厨师所言（《清稗类钞·饮食类》）[1]。曾国藩是湖南人，1872年60岁时去世。可见辣椒在19世纪已成为湖南人的嗜好品。

但在此之外的地区，辣椒似乎还未被大量使用。1850年出生、

[1]原文为"曾文正嗜辣子粉。曾文正督两江时，属吏某颇思揣其食性，藉以博欢，阴赂文正之宰夫。宰夫曰：'应有尽有，勿事穿凿。每肴之登，由予经眼足矣。'俄顷，进官燕一盂，令审视。宰夫出湘竹管向盂乱洒，急诘之，则曰：'辣子粉也，每饭不忘，便可邀奖。'后果如其言。"（引自《清稗类钞》第十三册，徐珂编撰，中华书局1984年版，第6531页。）——译者注

1926年去世的薛宝辰，在《素食说略》一书中，介绍了清朝末年的素食，种类达170余种之多，其中用辣椒的菜肴不过5种。作者在例言中道明："故所言作菜之法，不外陕西、京师旧法。"西北和北方至今不多吃辣，该书中用辣椒的菜少，也许是很自然的事。但尽管如此，在19世纪末前后，辣椒的食用已推广至北方的黄河流域了。

◇ 辣椒不登大雅之堂

有关曾国藩的故事中透露了一个信息：当时，辣椒不是在烹调过程中使用的，而多是在烹调完成后作为调味料撒上去的。另外，就地区来看，辣椒是从西南地区向别的地区传播的，但那时辣味食物并未在食文化中占据重要地位。曾国藩喜好辣椒，在当时，其他地域[1]的人都觉得很稀奇，可能因此才被记录进《清稗类钞》中。

19世纪60年代移居上海的葛元煦在《沪游杂记》中记录了上海某些主要餐厅的菜单。如名为"庆兴楼"的餐厅的菜单上有烤鸭、红烧鱼翅、红烧杂拌、扒海参、虾子豆腐、溜鱼片等料理。根据中国菜的命名法则，用了辣椒，菜名中定会出现"辣"或"辣味"等字。但前面的菜名中，没有一个用"辣"字的。葛元煦列了6大餐厅共计42种菜名，没有一种是用辣椒的。

从1877年开始，在中国做了三年实地调查的塞切尼·贝拉伯爵

[1]此处应指曾国藩在任的江南地区。——译者注

调查队的见闻录也证明了这一点。塞切尼·贝拉1837年出生于匈牙利名门贵族之家。其父塞切尼·伊斯特万（1791—1860）是有名的政治家，曾在创建匈牙利科学院、实现农奴解放和健全法律以及建立审判制度等方面做出了很大的贡献。迄今匈牙利5 000福林纸币上，仍印着他的头像。继承了父亲爵位的塞切尼·贝拉是一位探险家，曾于1863年去北美，1865年去埃及探险。1870年塞切尼·贝拉结婚，但两年后夫人的去世给了他很大的心理打击。为了摆脱巨大的悲痛，他组织了一支调查队去东方旅行。调查队一行到达肃州（今酒泉）后，得到了总督左宗棠的宴会招待。关于宴会的情况，调查队的一员G. 克莱伊特纳做了这样的描述：

> 招待大厅的中央摆着没有铺台布的白木圆餐桌，（桌上）放着几盏盛着点心、水果、切成方片的火腿等的深碟。也有盛着鸡胸肉的菜肴……烤鸭、鱼翅烹调得十分美味。把鱼头煮成酱状的菜肴和表面染黑的鸭蛋（皮蛋——引用者注）不太合我的口味。相比较，煮成汤的鸽蛋还算好吃。菜品中极尽奢华的是烤全猪。（小谷裕幸等，1993）

上面举出的菜肴，即便是现在，宴会上也会出现，都不是辣菜。有意思的是，左宗棠是湖南出生的，本来应该喜欢辣的东西。在招待宴会上却没有出现家乡菜，也许是因为入乡随俗。总之，在正式的宴会上，还没有辣椒的位置。

◇ 辣椒菜肴的记录

但在喜欢辣椒的地区，正式的宴会上也会出现辣菜。塞切尼·贝拉伯爵访问四川成都时，也参加了总督的欢迎宴会。

> 不久，接待方的两位把我们引导至桌边，依据礼仪放上饮料和筷子。然后，脱去正装用的帽子，换成不镶边的黑色丝绸圆帽，松一松腰带，“炒菜”开始上来了。菜肴不断地被端上来。能确定的有20道菜，此后就没有再计数了，估计有60道左右。带上辣味的中国菜，一开始都觉得很好吃，之后就仅在眼前走个过场而已。烹调得极其美味，我竟然享用了满满三碟漂着油的鱼翅。（同上，个别用词引用者有调整）

塞切尼·贝拉伯爵一行访问了很多地方，受到了多次招待。但只有成都出现了辣味菜。而且，也不过只是“带上辣味”的程度而已，并没有辣得不可开交。

◇ 厨师的秘籍：味淡即上品

进入20世纪后，这一点并没有改变。据1923年访问上海的三宅孤轩的《上海印象记》的记载，当时的宴会比起现在还是有相当大的不同。

遇上盛宴，盛菜的碟子数大中小一起算有16盘，上来鱼、禽、兽、菜等各种菜肴。大体，第一道菜是鱼翅，接着是炖煮物、汤等，第12道菜是燕窝。燕窝之后是点心，然后离开座席。谈笑之间，更换了餐桌的桌布、餐具，然后上来最后的4种饭菜，用饭。简单一点的宴会，有10道、12道菜的，这时第10道会上两种饭菜，或第8道时上燕窝后更换席桌。

三宅孤轩详细记录了他目睹的餐食，但一处也未提及辛辣菜。在这点上后藤朝太郎的《中国料理通》也是个极其可信的旁证。1929年出版的《中国料理通》也详细记录了当时的中国菜肴，但其中也未提到辣椒。后藤朝太郎的《中国料理通》与井上红梅的《中国风俗》中收录的《上海料理屋评判记》一起都是了解20世纪20年代中国菜肴的珍贵读物，其中对味道的介绍特别令人兴致盎然。

中国料理不断有一样样的副食品上桌，过分的咸味极易使喉咙干渴，因此越是上等的厨师，越能适当地控制盐的分量。特别是苏州一带的菜肴，盐加得极少。并非味道清淡即为上乘的料理，而是总以味道清淡来应对众人之喜好。如果餐桌上有客人喜欢咸味，自己弄个小碟倒上酱油即可，而喜欢酸味的也可倒上醋。另外还在桌上放有胡椒、芥子等调味品，自由地依自己的喜好适当添加就可以了。

此书的著者后藤朝太郎曾多次访问中国，出版了多本游记。上面的记载是他依据实际的见闻所写的，十分真实地记录下当时中国人自己也未注意到的饮食中微妙的口味变化。作者正是在与日本料理做比较后，才会有这样细致的观察。

此外，作为大众菜的麻婆豆腐据称有约百年的历史。但未见关于“棒棒鸡”“担担面”的详细记录。考虑到辣椒传来的历史，这样的食品最长也不过二三百年的历史。

◇ 中国名菜的几则逸闻

不只是鱼翅、辣椒，北京烤鸭也没有那么历史悠久。中国的饮食书中烤家鸭的菜名很早就出现了，但北京烤鸭的原型最早只能追溯到南宋（佟屏亚等，1990）。据说明朝迁都北京时，南京菜中的烤鸭作为宫廷菜被带到了北京。

现在的北京烤鸭用的是“填鸭”。将家鸭引入暗室，将饲料填塞入鸭的嘴里，短时间里使其长胖。这种“填鸭”的原型“北京鸭”也是明代才开始饲养的。

而在文献中出现“填鸭”要更晚一些。夏曾传的《随园食单补证》的《蒸鸭》中有“北人多填鸭，可使之剋日而肥”的记述。这是19世纪中叶的事了。

北京烤鸭的烹饪方法，可在《清稗类钞·京师食品》中见到：“其制法有汤鸭、爬鸭之别，而尤以烧鸭为最，以利刃割其皮，小如钱，而绝不黏肉。”附带说一下，现代制作北京烤鸭的专门店的始祖“便宜坊”的创办可追溯至1416年，有名的“全聚德”则创办于1864年，于1901年盖起新楼，扩大生意。

鲍鱼的食用历史可以追溯到汉代，而作为珍馐加以记录是之后很久才有的事。刘若愚的《酌中志》中记载明太祖喜欢吃鲍鱼。也许到了明代，鲍鱼才好不容易成为高档菜中的一款。

最初鲍鱼进入宫廷菜，或与明朝统治阶层多出生于长江下游有关。他们喜好海产品，随着北迁，也将东南沿海的食物带入饮食文化中心。到了清代，情况又发生了变化，如前所述，清代顺治皇帝和康熙皇帝讨厌海产品，平时不吃包括鲍鱼在内的海味。乾隆以后，海产品才再次回到宫廷菜当中。

作为宴会冷盘中的一道常见菜，皮蛋是在明朝末年才发明的。据现存史料，其食用历史最多不过300年。17世纪撰写的《养余月令》详细记录了其制作方法，朱彝尊也在《食宪鸿秘》中设“皮蛋”一节，介绍了这一食物。

颇有意味的是清代的夏曾传在《随园食单补证》中“酱王瓜”条下，补入了《随园食单》中没有记载的10个小菜，其中包括“皮蛋”。他是这么记述的：“皮蛋，北人谓之扁蛋，又曰松花彩蛋。大约以嫩为贵。”这样介绍后，他却说：“余则素未入口，无从问津。”这是验证皮蛋食用历史不可忽视的重要证言。夏曾传生于道光癸卯年（1843），也就是鸦片战争后三年，竟然连他也未品尝过皮蛋，这说明直到19世纪中期，皮蛋还不是日常食品。事实上，1861年初版的王士雄的《随息居饮食谱》中谈到皮蛋，有这样一说：“味虽香美，皆非病人所宜。”意即，皮蛋虽闻起来香，吃起来鲜美，但病人不能吃。可见即使到19世纪中期，皮蛋仍被认为是对健康不利的食物。

比袁枚稍晚一些，李化楠在《醒园录》中也介绍了这种加工食品。但当时皮蛋的名称不是“皮蛋”，而是“变蛋”。可见地区不同，其称呼也不尽相同。顺便提一下，汉语中“变蛋”即如汉字字面的意思“蜕变的蛋”。而现在所称的“皮蛋”，其语源也许就可以追溯到“变蛋”。总之，皮蛋是何时在全国推广开来的还弄不清楚，但皮蛋成为待客菜肴，还是隔了很长时间之后的事。清朝的《调鼎集》中记录了宴会的菜单。在“冷盘”的列表中，与“煮家鸭”“酒糟鸡”并列的是“皮蛋”。至于成为宴会菜，恐怕是清后期的事吧。

与皮蛋相比，海蜇很早就为人所知。西晋张华（232—300）所著的《博物志》里就已提到将海蜇“煮食之”的说法。到了唐代，刘恂的《岭表录异》中介绍了海蜇作为凉拌食物食用的方法，也就是说，最迟到唐代，就已出现了与现代相似的食用方法。不过，《岭表录异》是记录偏僻地区风俗的书，海蜇也是作为“异”，即不可思议之物而被记录的。就如《博物志》里的“越人煮食之”的记述，很可能海蜇最初只在南方沿海地区食用。

到了清代，海蜇的食用逐渐多了起来，在《食宪鸿秘》中是作为凉拌菜来介绍的，但何时成为冷盘中的主选菜不甚清楚。《随园食单》中是与“酱一二日即吃”的“萝卜”“酱瓜”“腐乳”等归于《小菜单》一类的，或许18世纪尚未用于宴会。到了《调鼎集》的时代，它才在宴会的冷盘中出现。

3. 不断进化的中餐

◇ 21世纪后的新动向

在这20年间，中餐发生了更为巨大的变化。20世纪90年代中叶，笔者几乎每年都回一次中国。每次重返故里，都会遇见新的菜式以及出乎意料的饮食新潮流。目睹人们对美食孜孜不倦的追求，笔者多次亲身感受到味觉之进化永无止境。也正因为如此，饮食文化才会不断发展，充满生机。

一年的间隔是观察饮食变化的最佳时间。食物的变化是缓慢发生的，一直住在中国的话，反而很难注意到变化的发生；而间隔时间过长，则容易遗漏许多细节变化。

20年的观察，给我最强烈的感受是味觉进化的速度之快，以及中餐融通无碍的包容力之大。为让餐桌更为丰盛，使食物变得更加美味，中餐从来不拒绝外来的食材或烹饪方法。其中有一些，往往是之前的中餐所无法设想的东西。

话说回来，本来，中餐与其他料理之间就不存在本质性的区别。中华民族的饮食原初就是由多民族的食物融合而形成的，其内部包含着诸多不同性质的要素。正是由于这种来源的复杂多样，使得中餐更容易接受外来的食材与烹饪方法。要说中餐有着“悠久传统”文化，那就是其内涵不断变化的历史，而非意味着几千年来吃着同样的菜肴。

当然，这个道理不仅限于中餐，对其他国家、地区的饮食文化来说，也是一样。比如提到意大利菜，人们脑海中首先浮现的应该是番茄吧。很多人以为番茄是意大利菜的传统食材，但这种食材原本产于安第斯高原，在美洲大陆被发现后才传播到欧洲。刚传入意大利时，人们只将其当作观赏植物来栽种，19世纪后才开始用于食用，从而开始大量种植。其食用的历史充其量仅有150～200年。正如辣椒被誉为韩餐的“门面”一样，番茄在150年间成为意大利菜食材的主角。其实，所有的“传统”都一样，原本被认为是传统上“固有”的饮食起源，经过验证都会意外地发现其食用的历史实际上非常短暂。

◇ 不断花样翻新的食材

这20年来，中餐出现了好几个方面的变化。首先要说到的是食材的多样化。伴随着经济发展及全球化，中国从世界各国进口食材，或开始种植海外引进的蔬菜。笔者2007年起以访问学者的身份在波士顿郊外住了两年。走进美国的超市，就仿佛来到了世界食品交易会，货架上摆满了琳琅满目的商品，看了标牌就可知道，这些食品几乎都是来自异域他乡。现代中国虽还不能与美国相比，但像澳大利亚的大龙虾、智利和秘鲁等南美各国产的鱼虾、东南亚的水果等各种各样的外国水产品和农产品也都通过各种渠道，进入了中国。

原本中餐的烹饪手法很多，不管是何种食材，只要下功夫，无不可以利用。如在“奶油菜心”中，乍一看与中餐不搭的牛奶，也可以发挥其风味特色。不管是番茄还是洋葱或土豆，或煮或焯，都能做出很像样的家常菜来。就连生菜，用大火快速爆炒，也是美味的一品。这在西餐中也许是难以想象的烹饪方法。

当然，在外来食材中，有能广泛利用的东西，也有不太能利用的东西。现在用得最多且很有人气的是三文鱼和大龙虾，既有炒的做法，生食也很受欢迎。

就在10年前还不太常见的丛生口蘑、金针菇、杏鲍菇等蘑菇类的食材，现在已是百姓餐桌上的常客。鹅肝虽是法国的食材，现在却早已是中餐中的一品，很多餐厅的菜单里都可以见到。

◇ 流行风里的烹调法

接下来要谈谈烹饪方法的变化。2001年左右，北京、上海等主要城市的餐厅里流行带有“避风塘”一词的菜名。点菜时，遇到肉类菜肴或鱼类菜肴时，常会听到服务员问：“要炒，还是避风塘？”一开始完全不懂什么意思，好奇心驱使下点了一个尝试，才知道是迄今为止未曾见过的烹饪方法。

“避风塘”原是香港水上人家居住的区域，是避开大风的水域。海湾弯进陆地的区域，可避开台风的袭击，是以渔业为生的人们的庇护场所。由于地理上方便，渔船停泊形成了常态化，船只的数目也增加起来。随着人口的增加，不久就形成了水上生活的一大片区域。在这里居住的人们中间，不知不觉间形成了独特的文化，也出现了一些陆地上看不到的菜肴。最为人知晓的就是“避风塘炒蟹”，这是一种风味独特的蟹类料理，用日语的表达可称为“渔夫菜肴”，做法并不难。首先，将切成大块的蟹，像油炸那样用很多食用油炒熟。然后再用大蒜、辣椒丁加豆豉炒，大蒜炒过后，与蟹肉混合，菜就做好了。这是别的地区没有的独特做法，因而以地名来冠其菜名。

21世纪初的北京，不仅有名为“避风塘”的菜肴，“避风塘”烹饪方法也在鱼类、肉类的菜肴中广泛使用，一时间成了一种时尚。但这种流行并没有持续多长时间。不知不觉间这种烹饪方法就在菜单上消失了，而“避风塘”一词竟然变成了餐厅的名字。它曾是一种烹饪方法这一事实，也许早已被抛在脑后了。食物的流行，有时比起时装样式来，新旧的交替更为迅速。

“饮茶”[1]也有流行的食物。虾饺这样的主流点心一直是人气很旺的，而各个店家独自推出的菜品会流行一时，但一两年间很快就消失了，这种情况并不稀奇。数年前，我曾在茶餐厅中吃过馅饼上放中式食材烤的食品。第二年再去时，已杳无踪迹。

生鱼片加入中国餐饮行列可追溯到20世纪90年代，韩国烤肉开始受欢迎则是稍后发生的。现在，烤肉的方法已被中餐接受，如后面将要叙述的，烤肉风味的菜肴可在中国餐厅的菜单中看到了。特别是带有“烤”字的菜肴，有不少是从这一流行中得到启示的。

2013年，上海流行泰国菜，市中心里出现了多家泰国餐馆。泰国菜的烹饪方法，现在还没有影响到中餐，但也许随着人气的提高，以

[1]这里的“饮茶”指中国以广东一带为中心的一种食文化，指边品尝点心边饮茶的饮食方式。点心以饺子、馒头等副食品为主。——译者注

后也有可能被用到中国菜中。

◇ 千奇百怪的菜名

第三点要谈及的一个社会现象是菜名的变化。本书序章中已涉及这个现象，20世纪90年代有一段时间流行讨吉利的菜名，不久又返回了原来的命名方法。或许由于饮食业的激烈竞争，其后吸引人们眼球的更新奇的菜名，一个接着一个出现。

2012年3月，我带领研讨班学生毕业旅行，回到阔别多年的北京城，觉得已今非昔比，大有“似曾相识燕归来”之感。那段时间里，我发现餐饮中出现了许多让人想起满族、蒙古族贵族昔日饮食的菜肴。打开名为“那家小馆”的饭店菜单，映入眼帘的是“满族董豆皮羊鱼卷”（见图7-3）、“满族蜜枣素”等菜名，我搞不懂是什么菜，向店员询问后也还是稀里糊涂的。谁也弄不懂是否果真是满族人食用的菜肴。也许有的客人就是被新奇的菜名吸引而点了这个菜的，于是这样的命名方法就流行起来了。

岂止是那家小馆，仿膳饭庄、北京烤鸭专门店的菜单中也出现了像“蒙古亲藩烤牛肉”“贝勒烤羊肉”等莫名其妙的菜名。不仅名称奇特，端上来的菜肴从外观上看就与原来的中国菜不同。再查一下当时的笔记本，确实记下了在那家小馆吃过的菜肴名称，如“杏干小月生”“那家脆藕鹅”“富贵黏年糕”“那家自制豆腐”“龙豆腐燥灌肠”“油皮素卷”“芙蓉卷菜”“老北京酥肉方”“宣纸鱼片”。这

图7-3　满族董豆皮羊鱼卷

些名称没有一个是我原先知识范围里的，能够理解的只有“葱花饼”和“炸酱面”。

2012年前后，北京流行起了“官府菜”。“官府”原意是“衙门”。“京城官府菜”，听上去有清朝王公贵族、高级官员所品尝的菜肴的感觉。经营这种菜的有名餐馆有“厉家菜”“白家大宅门食府”“格格府”等，而这种流行能持续多久，只有天知道了。

官府菜和仿膳（仿制宫廷菜）一样，从其本质上讲都是基于空想的概念操作，是不是真实并不重要，因为谁都不知道真正的官府菜和宫廷菜是什么样的。从餐厅角度来说，让顾客感受到官府或宫廷的氛围就达到了目的；从顾客的角度来说，只要心理上认为品尝到了皇帝或达官显贵吃的菜肴，便会心满意足。因此，对双方来说，如何“进入角色”很重要。这类餐馆特别注重建筑造型、屋内布置、器皿排场，就是这个道理。

中国确实是大，虽然北京流行开来了，其影响范围还是有限。上海、广州等大城市，其流行又是不一样的。另外，同样的城市，由于餐厅不同，味道也不尽相同，消费者更多是享受着这样的多样性。因此，一方面有现代风格的餐厅，另一方面也有以20世纪五六十年代的平民菜为卖点的餐馆，还有以“文化大革命”中难吃的食物为招牌来招揽人气的饭店。

◇ 标新立异的餐具

更令人惊讶的是菜的摆盘装饰以及餐具的多样化。

中国人对待食物，历来并不太在乎饮食的“历史”或“传统”，相反，对味道与新时尚的追求则大有趋之若骛之感。人们不仅追求食材、烹饪方法的新，而且不断追求新式摆盘盛菜的方法和餐具的新款式。

中餐以前因为不是分食制，菜肴是一齐摆放到桌上的，但现在却像法餐那样，菜是一道一道地端上来的。根据客人的要求，也可以提供每位客人一份的分食服务。点菜方式也发生了变化，几乎没有人要全套的，按菜单点菜成为主流。

盛菜，过去是整个菜一下子通通盛入器皿中；现在菜量少了，会加上龙虾、螃蟹等外壳做一些装饰，或摆出漂亮的造型。这些做法都让人联想起日本料理或法餐中摆盘盛菜的方法。也许厨师间并非没有互相模仿的意识，看到外国菜的照片、实物，是会得到一定的启发的吧。

最为令人兴趣盎然的是餐具的多样化（见图7-4）。笔者幼年期直至20世纪80年代，遇到的盛食物的器皿，一律都是圆形的。偶尔会有椭圆形的，但从未见过其他形状的食器。

图7-4 各式各样的食器

然而，现在从正方形的器皿开始，又有长方形、椭圆形、波浪形、鱼形、花形等各种形状的器皿，其中还有独特造型的器皿。宋明时期有各种形状的餐具，近代以来，特别是进入社会主义时期，只重视实用性，器皿的形状变得单调。餐具外形的设计变得丰富多样，起始于2000年以后，日本餐具的多样化，可能是一种很大的刺激。

饮食习惯及餐桌礼仪也发生了一连串的变化。稍早些年，请客的一方会点许多菜，以至于吃也吃不完，主人认为吃完后有很多菜剩下来是很有面子的。而现在点菜则是按能吃的量来点，如果点得太多了，餐厅服务员就会劝说“已经够多了”而委婉地制止。有吃剩下的菜，新做法就是打包带回家。另外，以前主人在招待宴的餐桌上，会用自己的筷子夹菜给客人，以示热心亲近。这种做法近年已几乎绝迹。

◇ 变幻无穷的中国菜

我的一位远房亲戚在上海的一间面对繁华街道的餐厅里任经理。每次去上海我一般都会上那家菜馆去，后来发觉，每次去时菜单都不一样。一年前吃过的菜，再想点，得到的多数回答是已经没有了。询问缘由，是因为以前的厨师已不在此工作了。听说上海的厨师换工作很快，特别是有名的主厨，各家大饭店都在出价拉拢。问起这样是否让经营者很为难，得到的回答有点令人意外：厨师的流动更多是件好事。同样的菜单一直不变，客人感到厌倦，就不会经常来了。相反，端出来的菜肴有变化，食客对餐厅的评价就会提升。这样说起来，香港也是同样的。笔者有一段时间每年去香港，听到改店名、换老板的消息很多。也是因为厨师换了吧，菜单也跟着换了，连茶餐厅也不例外。

当然，百年老铺等以“悠久传统”作为招牌的店家也不是没有。但成功的案例是有限的。就拿北京烤鸭来说，“全聚德”就是个例子。这家餐厅一度生意十分兴隆，不预约就没有座位，而现在却落到了过去无法想象的萧条境地。取而代之的是新兴的“大董烤鸭店”，人气旺盛。这家店以去除北京烤鸭的脂肪，做成不油腻的烤鸭为卖点，讲究以柔软的肉质与松脆的烤鸭皮为风味，创造了过去没有的味觉感受。它同时花大力做餐厅内部装修，形成现代风格。这样的努力显然奏效，笔者2012年去用餐时，那里是连日满座的盛况。

“全聚德”坚守过去的传统风味，人气反而日益低落，这是颇具代表性的现象。跟不上时代变化的餐厅，早晚要被消费者抛弃。脂肪多的菜肴是贫困时代的美餐盛宴，而现在则成了不健康的代名词。不采取与时俱进的办法，即使是老店，也难免被淘汰的命运。

仔细考证饮食的变迁，定会发现其中的缘由。变化在该发生的时候就一定会发生。

结语

文化史上的巧合有时非常不可思议。如果明王朝的京城不从南京迁往北京的话，或者中国没有出现满族的统治的话，中餐也许会与现在大相径庭。带有浓厚南方文化色彩的明朝皇室在14世纪将长江下游地区的饮食习惯带到了北方，促进了南北文化的融合。到了17世纪，由于清王朝的建立，满族菜才得以融入中原文化，并占据了饮食文化的中心位置。如“满汉全席”一词所象征的那样，中餐最大的特征就是其多元性。虽然历史上并不存在“满汉全席”[1]，然而这四个字说明，人们对中餐的多元性还是有比较直觉的理解的。

由于中国幅员辽阔，地区间的差异巨大，以至于对老百姓来说，“中餐”实际上就意味着他们生活所在地的饮食。由于出生地区的不

[1]见赵荣光：《满汉全席源流考述》，昆仑出版社2003年版。

同，人们的饮食生活有极大差异，接触到不同地区的饮食文化时，有时甚至彼此都会感受到强烈的文化冲击。南北之间，山区与平原之间，沿海地区与内陆地区之间，无论主食也好，副食也好，种类之繁多，吃法之不同，令人叹为观止。

同样是大米，因地区不同，其外观、味道也会很不相同。豆腐也因地方不同而品种、口味各异。现代文学家梁实秋曾说过，南方的茄子与北方的茄子在大小、水分等方面都不尽相同，用同样的方法来烹饪，味道就会大不一样。其实岂止是茄子，其他蔬菜也会因种植地不同，在食用方法上跟着发生变化。

不仅是菜肴，饮食习惯、礼仪食品也因地区不同而千差万别，并在历史发展过程中经历了各自的巨大变化。比如，长江下游地区，豆腐是葬礼上的礼仪食品，招待参加葬礼的人吃饭叫作“（吃）豆腐饭”。因此，豆腐被认为是不吉利的，结婚、生日等贺宴上一般不上豆腐等豆制品；比较迷信的人连出远门前一天也不吃豆腐；招待客人时，更是绝不能端出来。但其他地区没有这样的习俗。有的地方将豆腐作为招待客人的菜肴端上宴席。这种饮食习俗的差异，在中国各地可以说比比皆是。

什么叫“传统菜”？这本身就是一个难以解答的问题。“传统”是不能用历史的长短来衡量的。既然如此，对这个词的使用也许应以谨慎为妙。假设在遭遇西方之前，清末的菜肴传承了传统，那么到今天，与“传统”的味道相近的不是内地（大陆）的菜肴，而是香港、台湾的菜肴。中华人民共和国的成立给中餐带来了无法估量的影响，特别是在高档菜领域，其变化十分激烈。

将来，中国餐饮何去何从，这类文化的变动比政局的变化还难以预测。但随着快餐、外国菜进入中国社会，中国的餐饮文化必定会发生前所未有的大演变。

引用文献

序章

张劲松、谢基贤等编著：《饮食习俗》，辽宁大学出版社1988年版。

周达生：《中国的食文化》（「中国の食文化」），创元社1989年版。

李璠编著：《中国栽培植物发展史》，科学出版社1984年版。

闵宗殿、纪曙春主编：《中国农业文明史话》，中国广播电视出版社1991年版。

第一章

高田真治译注：《诗经》，集英社1966年版。

竹内照夫译注：《礼记》（下），明治书院1979年版。

远藤哲夫译注：《管子》，明治书院1992年版。

宋镇豪：《中国春秋战国习俗史》，人民出版社1994年版。

第二章

筱田统：《中国食物史》，柴田书店1974年版。

闵宗殿、纪曙春主编：《中国农业文明史话》，中国广播电视出版社1991 年版。

李长年编著：《农业史话》，上海科学技术出版社1981年版。

洛阳区考古发掘队：《洛阳烧沟汉墓》，科学出版社1959年版。

河南省文化局文物工作队：《河南泌阳板桥古墓葬及古井的发掘》，《考古学报》1958年第4期。

何介钧、张维明编著，田村正敬、福宿孝夫译：《马王堆汉墓大全》（「馬王堆漢墓のすべて」），中国书店1992年版。

张廉明：《中国烹饪文化》，山东教育出版社1989年版。

青木正儿：《华国风味》，岩波书店1984年版。

吐鲁番地区文管所、柳洪亮：《1986年新疆吐鲁番阿斯塔那古墓群发掘简报》，《考古》1992年第2期，新疆文物考古研究所。收录于王炳华、杜根成主编：《新疆文物考古新收获（续）1990—1996》，新疆美术摄影出版社1997年版。

小菅桂子：《饺子的木乃伊》（「餃子のミイラ」），青蛙房1998年版。

中村乔编译：《中国的食谱》（「中国の食譜」），平凡社1995年版。

［清］顾仲撰，邱庞同注释：《养小录》，中国烹饪古籍丛刊，

中国商业出版社1984年版。

［清］夏曾传撰，张玉范、王淑珍注释：《随园食单补证》，中国商业出版社1994年版。

第三章

万陵：《说发面》，《中国烹饪》编辑部汇编：《烹饪史话》，中国商业出版社1986年版。

西山武一、熊代幸雄译注：《校订译注齐民要术》，亚洲经济研究所1969年版。

小町谷照彦校注：《拾遗和歌集》（「拾遺和歌集」），新日本古典文学大系，岩波书店1990年版。

吕一飞：《胡族习俗与隋唐风韵》，书目文献出版社1994年版。

第四章

熊代幸雄：《东亚犁耕文化的形成》（「東アジア犂耕文化の形成」），西山武一、熊代幸雄译注：《校订译注齐民要术》，亚洲经济研究所1969年版。

中国社会科学院考古研究所编著，中村慎一、来村多加史译：《中国考古学的新发现》（「中国考古学の新発見」），雄山阁1990年版。

横田祯昭：《中国古代的东西文化交流》（「中国古代の東西文化交流」），雄山阁1983年版。

大野峻译注：《国语》（下），明治书院1978年版。

小川环树、今鹰真、福岛吉彦译注：《史记列传》卷二，岩波书店1975年版。

竹内照夫译注：《礼记》（上），明治书院1971年版。

加斯帕尔·达·克鲁斯著，日埜博司译：《克鲁斯〈中国志〉》（「クルス『中国誌』」），讲谈社学术文库，讲谈社2002年版。

［唐］段成式著，今村与志雄译注：《酉阳杂俎》卷三，东洋文库，平凡社1981 年版。

长泽和俊：《丝绸之路博物志》（「シルクロード博物誌」），青土社1987年版。

向达：《唐代长安与西域文明》，生活·读书·新知三联书店1957年版。

古贺登：《唐代胡食的流行及其影响》（「唐代における胡食の流行とその影響」），《东洋学术研究》第八卷第四号，1970年。

吕一飞：《胡族习俗与隋唐风韵》，书目文献出版社1994年版。

护雅夫：《以长安为中心的东西文化交流》（「長安を中心とする東西文化の交流」），《东洋学术研究》第八卷第四号，1970年。

邱庞同：《“饽饦”小考》，《中国烹饪》编辑部汇编：《烹饪史话》，中国商业出版社1986 年版。

足田辉一：《从丝绸之路开始的博物志》（「シルクロードからの博物誌」），朝日新闻社1993 年版。

中村乔编译：《中国的食谱》（「中国の食譜」），平凡社1995年版。

马可·波罗著，爱宕松男译：《马可·波罗游记 一》（「東方見

聞録　一」），平凡社1970年版。

第五章

［宋］孟元老著，入矢义高、梅原郁译注：《东京梦华录》，平凡社1996年版。

横田祯昭：《中国古代的东西文化交流》（「中国古代の東西文化交流」），雄山阁1983年版。

熊代幸雄：《东亚犁耕文化的形成》（「東アジア犂耕文化の形成」），西山武一、熊代幸雄译注：《校订译注齐民要术》，亚洲经济研究所1969年版。

加茂仪一：《家畜文化史》（「家畜の文化史」），法政大学出版局1973年版。

张碧波、董国尧主编：《中国古代北方民族文化史》，黑龙江人民出版社1993年版。

中村乔编译：《中国的食谱》（「中国の食譜」），平凡社1995年版。

王学太：《中国人的饮食世界》，香港中华书局1989年版。

马可·波罗著，爱宕松男译：《马可·波罗游记 一》（「東方見聞録　一」），平凡社1970年版。

第六章

沈从文：《中国古代服饰研究》，商务印书馆香港分馆1981年版。

虎尾俊哉编著：《延喜式》（下），集英社2017年版。

角田文卫主编，古代学协会·古代学研究所编著：《平安时代史事典·上》（「平安時代史事典 上」），角川书店1994年版。

［北朝］贾思勰著，缪启愉校释：《齐民要术校释》，农业出版社1982年版。

安藤百福主编、奥村彪生：《面的历史——拉面从何而来》（「麵の歴史——ラーメンはどこから来たか」），角川书店2017年版。

加斯帕尔·达·克鲁斯著，日埜博司译：《克鲁斯〈中国志〉》（「クルス『中国誌』」），讲谈社学术文库，讲谈社2002年版。

史卫民：《元代社会生活史》，中国社会科学出版社1996年版。

马可·波罗著，爱宕松男译：《马可·波罗游记 一》（「東方見聞録　一」），平凡社1970年版。

［宋］沈括著，梅原郁译：《梦溪笔谈》卷一，平凡社1978年版。

中村乔编译：《中国的食谱》（「中国の食譜」），平凡社1995年版。

第七章

奥多里可著，家入敏光译：《东洋旅行记——往契丹（中国）的路》（「東洋旅行記——カタイ（中国）への道」），光风社1990年版。

利玛窦著，川名公平、矢沢利彦译注：《中国基督教布教史》

（「中国キリスト教布教史」）（1）（2），岩波书店，1982年、1983年版。

加斯帕尔·达·克鲁斯著，日埜博司译：《克鲁斯〈中国志〉》（「クルス『中国誌』」），讲谈社学术文库，讲谈社2002年版。

赵荣光：《满汉全席源流考述》，昆仑出版社2003年版。

岳庆平：《中国民国习俗史》，人民出版社1994年版。

周达生：《中国的食文化》（「中国の食文化」），创元社1989年版。

G. 克莱伊特纳著，大林大良主编，小谷裕幸、森田明译：《东洋纪行》（「東洋紀行」）（2）（3），平凡社1992年、1993年版。

佟屏亚等编著：《畜禽史话》，学术书刊出版社1990年版。

译者参考文献

第一章

杨伯峻译注：《论语译注》，中华书局1980年版。

王守谦、喻芳葵、王凤春、李烨译注：《战国策全译》，中华书局1992年版。

刘柯、李克和译注：《管子译注》，黑龙江人民出版社2003年版。

杨天宇译注：《周礼译注》，上海古籍出版社2004年版。

杨天宇译注：《礼记译注》，上海古籍出版社2004年版。

周振甫译注：《诗经译注》，中华书局2002年版。

李梦生译注：《左传译注》（全二册），上海古籍出版社1998年版。

邬国义、胡果文、李晓路译注：《国语译注》，上海古籍出版社

1994 年版。

刘乾先、韩建立、张国昉、刘坤译注：《韩非子译注》，黑龙江人民出版社2003年版。

杨柳桥译注：《庄子译注》（全二册），上海古籍出版社2007年版。

第二章

［汉］史游撰，喻岳衡主编：《急就篇》，岳麓书社1989年版。

［汉］班固撰，［唐］颜师古校注：《汉书》（全十一册），中华书局1962年版。

许嘉璐主编：《二十四史全译·后汉书》（全三册），汉语大词典出版社2004年版。

［汉］崔寔撰，石声汉校注：《四民月令校注》，中华书局1965年版。

王贞珉注释，王利器审订：《盐铁论译注》，吉林文史出版社1990年版。

［清］严可均辑，何宛屏等校：《全晋文》，商务印书馆1999年版。

［元］倪瓒撰，邱庞同注释：《云林堂饮食制度集》，中国商业出版社1984年版。

［宋］浦江吴氏等撰，孙世增、唐艮等注释：《吴氏中馈录·本心斋疏食谱（外四种）》，中国商业出版社1987年版。

［清］顾仲撰，邱庞同注释：《养小录》，中国商业出版社1984

年版。

第三章

［晋］司马彪撰，［梁］刘昭注补：《续汉书》，中华书局1974年版。

［东汉］刘熙撰：《释名》，中华书局1985年版。

［北朝］贾思勰著，缪启愉、缪桂龙译注：《齐民要术译注》，上海古籍出版社2009年版。

［唐］房玄龄等撰：《晋书》，中华书局1974年版。

［宋］高承撰，［明］李果订，金圆、许沛藻点校：《事物纪原》，中华书局1989年版。

［梁］萧子显撰：《南齐书》，中华书局1972年版。

［清］马国翰辑：《玉函山房辑佚书》，上海古籍出版社1990年版。

第四章

［唐］段成式撰，方南生点校：《酉阳杂俎》，中华书局1981年版。

万丽华、蓝旭译注：《孟子》，中华书局2006年版。

［唐］李延寿撰：《北史》，中华书局1974年版。

［唐］李百药撰：《北齐书》，中华书局1972年版。

［唐］魏征、令狐德棻撰：《隋书》，中华书局1973年版。

［唐］孟诜撰，张鼎增补，吴受琚校注：《食疗本草》，中国商

业出版社1992年版。

［元］贾铭著：《饮食须知》，人民卫生出版社1988年版。

［北齐］魏收撰：《魏书》，中华书局1974年版。

［清］夏曾传撰，张玉范、王淑珍注释：《随园食单补证》，中国商业出版社1994年版。

［西晋］张华撰：《博物志》，中华书局1985年版。

许嘉璐主编：《二十四史全译・旧唐书》，汉语大词典出版社2004年版。

徐时仪校注：《一切经音义三种校本合刊》，上海古籍出版社2008 年版。

［宋］欧阳修、宋祁撰：《新唐书》，中华书局1975年版。

［五代］王定保撰：《唐摭言》，中华书局1959年版。

第五章

［宋］孟元老撰，邓之诚注释：《东京梦华录》，中华书局1982年版。

［宋］周辉撰，刘永翔校注：《清波杂志校注》，中华书局1994年版。

许嘉璐主编：《二十四史全译・辽史》，汉语大词典出版社2004年版。

［唐］房玄龄等撰：《晋书》，中华书局1974年版。

许嘉璐主编：《二十四史全译・旧唐书》，汉语大词典出版社2004年版。

[宋] 洪皓等撰，翟立伟等标注：《松漠纪闻》，吉林文史出版社1986年版。

[宋] 周密撰，李小龙、赵锐评注：《武林旧事》，中华书局2007年版。

[唐] 义净撰，王邦维校注：《南海寄归内法传校注》，中华书局1995年版。

[宋] 林洪撰，章原编：《山家清供》，中华书局2013年版。

第六章

[清] 梁章钜撰：《浪迹丛谈、续谈、三谈》，中华书局1981年版。

[宋] 陈元靓编：《事林广记》，中华书局1963年影印元刻本。

[宋] 吴自牧撰：《梦粱录》，浙江人民出版社1984年版。

[明] 田汝成辑撰：《西湖游览志余》，上海古籍出版社1980年版。

[元] 无名氏编，邱庞同注释：《居家必用事类全集》，中国商业出版社1986年版。

[元] 忽思慧著，李春方译注：《饮膳正要》，中国商业出版社1988年版。

第七章

[明] 李时珍著，刘衡如校点：《本草纲目》，人民卫生出版社1977 年版。

［明］刘若愚著：《酌中志》，北京古籍出版社1994年版。

［清］朱彝尊撰，邱庞同注释：《食宪鸿秘》，中国商业出版社1985 年版。

［清］袁枚著，别曦注译：《随园食单》，三秦出版社2005年版。

［清］李化楠撰，侯汉初、熊四智注释：《醒园录》，中国商业出版社1984年版。

［清］赵学敏著：《本草纲目拾遗》，中国中医药出版社1998年版。

［清］徐珂编撰：《清稗类钞》第十三册，中华书局1986年版。

［清］王士雄著，宋咏梅、张传友点校：《随息居饮食谱》，天津科学技术出版社2003年版。

［清］童岳荐编撰，张延年校注：《调鼎集》，中国纺织出版社2006 年版。

［清］薛宝辰撰，王子辉注释：《素食说略》，中国商业出版社1984 年版。

黄粱美梦后的清醒

唐代的传奇小说《枕中记》中有名为“邯郸枕”的故事，常被人们称为“邯郸梦”“黄粱美梦”“一枕黄粱”等。

作者沈既济是8世纪后半叶的人，“邯郸枕”正是那个时代的故事。主人公卢生，在赵国都城邯郸的茶店里与一位道士相遇，借来陶枕，睡了一会儿午觉。在梦中，他体验了跌宕起伏的人生，最后成为一国国君，完成了他出人头地的一生。但醒来睁开眼睛，睡前在火上烧着的黄粱米饭还没煮好，原来只过去了一会儿时间。故事尽显了荣枯兴衰中的人生无常。这个故事在日本也是广为人知的，是能剧、小说、单口相声中常用的素材。

然而，笔者每次想起这个故事，老会惦记茶店里煮着的“黄粱饭”。据说“黄粱饭”就是粟米粥。不知此物在当时是贫困者的食物，还是上等的食物？好像是当时茶店中供应的一般食物，不知味道如何？用什么餐具来吃的？筷子还是勺子？

没有比食物更能告诉人们文化之差异的了。即便在日本，每个地区的饮食文化都不相同，每个时代的饮食方法、调味料、烹饪方法都较前面的时代有所变化。而要把握其他国家的这种情况，要获得其研究线索，则更为困难。很多情况下，日常饮食文化的种种细节是难以读懂的。

读了这本书便知，在中国古代“粱”原来是“上等的粟”，此后又有了高级粮食的含义。

“邯郸枕”这一故事发生的舞台，现在的河北省邯郸市，正位于中华文化的发祥地——黄河流域中下游的中原地区。

作者在书中这样描述中原地区的主食：孔子出生时，“中原地区稻米是富人的食物，‘豆’则是穷人的粮食……‘黍米’是最好的主食，为上流阶级所喜爱。曾为高级官吏的孔子也许是以‘粟’和‘黍米’为主食的。可能偶尔会吃一点‘稻米’，但‘稻米’不可能成为主食”。

到了唐代，稻米在中原普及之后，粟在书中记载作“黄粱”，仍是上等的食物之一。而本书中“粟（小米）：贵为上等主食”一节中，推测了古代做饭的器具。认为“‘粟’或‘黍’以现在煮米饭的方式来烧煮并不好吃”，“也许是煮了以后再用蒸笼蒸的”。这样煮饭的方式一直到最近还在部分地区沿用。作者根据充分地阐明了“粟”或“黍”煮后再蒸的做法的确立和传承时间。

也就是说，“邯郸枕”的主人公卢生做梦的那段时间里，正在煮的“黄粱饭”虽是小米粥，但不是仅将小米放在水里煮，而是煮熟后放在蒸笼里蒸的。茶店里应弥漫着蒸笼里飘出来的香味。

而那时的人们，并不是用筷子来吃这“黄粱”的。在唐代，“吃饭时，是不用筷子而用匙的”。筷子是捞出汤中的食材时才使用到的餐具。

像这样，不断地探究一部传奇小说中出现的食物及食用方法的各种细节，故事中的人物就会逐渐立体起来。这确实非常不可思议。读过记录相关食物的文章后，任时代再怎么遥远，由于味觉、嗅觉、触觉没有发生变化，通过自身经验，就能触及当时人们的生活。

本书的作者张竞，是笔者所知的最为优秀的以中国-日本为对象进行比较文化研究的学者。他的看家本领不仅是分析学术文献方面的功底，还在于通过实地调查，挖掘出两国生活文化的差异，由此来说明不同文化间交流的方式。作者在这方面体现出的观点之丰富、方法之新颖，可说无人能出其右。首先让人惊叹的是其手法的娴熟。笔者曾经两度与他一起来到改革开放后的上海进行城市调查。书中也提到了1994年8月，他时隔九年半后回到上海时的情形。“同行的有几位是日本人”，其中之一就是笔者。其实，是笔者邀请作者作为调查团的一员，参加这次活动的。起因在于笔者读了他所撰写的《“恋”之中国文明史》（1993）。这部著作以“恋爱”为主题，深入考察了中国围绕着这一主题是如何表达的长篇历史。这样的著述不仅在中国，在日本也是以前未曾见过的。

然而，1994年的张竞，坐在上海餐厅座位上看到菜单时却是一脸惊讶。书中对当时的情景这样写道：“更令人吃惊的是第二天的餐桌。自以为是本地人，熟门熟路，进了餐馆，打开菜单一看，却一头雾水。”实行改革开放政策之后，香港菜大量进入内地，新菜名增加，过去常见的菜名消失了。即便是读了汉字，也无法想象出这是什么料理。这就像日本人见到不常见的汉字所造的词汇写成的菜单或虽然能发音却读不懂（想象不出来）的片假名写的菜单。那时我所看到的作者惊讶的表情，是改革开放后中国的剧变最为切实的写照。港式餐厅大都以“潮州菜”为名，是广东菜进入香港后，开发出来的各种新菜肴的概称。

在日本，有许多以“上海料理”命名的餐厅。去上海进行考察之际，作者告诉笔者，在中国没有定义为“上海菜”的一类菜系。确实，在上海没有看到一家挂着“上海菜”招牌的店家。上海，自然也有上海独特的菜肴，而其调味品是以江苏的“扬州菜”为基本材料的。

旅行的过程中，得到有关本土菜肴的相关知识，就如同在这个国家的历史中旅行一样。特别是听了在这里长大、有实际做菜经验的人的解说，就能一下子融入不同文化的精髓之中去。现在的中国男性，很多人都担当起家里做饭菜的任务，因为很多情况下夫妻两人都在工作。作为学者的张竞也是这样的，因而笔者在与他一同旅行之时，向他讨教了不少。比如，关于豆腐菜。本书的结语中涉及了一些关于豆腐菜肴的话题：“长江下游地区，豆腐是葬礼上的礼仪食品……招待客人时，更是绝不能端出来。但其他的地区没有这样的习惯。”

笔者本人是在与他同赴上海的火葬场调查之时了解到这种情况

的。结束了葬礼的人们汇集在餐厅里一起用餐，可以看到所有的餐桌上都放满了豆腐制作的菜肴。笔者询问作者，为什么是豆腐？他对笔者说，在上海这是理所当然的事情。而此后我们一行人议论到在日本的黑社会中，要招待从监狱里被放出来的同伴，用的就是豆腐菜肴等。接着又谈到豆腐料理的文化从长江下游渡过东海来到日本后，以何种原因、在何时变化为日本的做法，发现了豆腐作为素斋之外，还以一种文化存在着。

在书中，作者称“中国菜与日本料理，在两个方面很不相同”。一是“日本料理除了鱼，在烹调时不留下动物的原形”，而中国是保留动物的原形的。另外，在日本“不论正式场合，还是家庭烹调，都不用家畜的头、脚、内脏”，而在中国是使用的。作者从日本与中国在祭祀礼仪的差别中探寻其中的原因。确实，日本人拒绝动物的整烤、整煮，唯独保留鱼的原形（比如有头尾的鲷鱼），供奉在神佛的祭坛上。“祭祀结束后，供品自然就成了参与祭祀的人们的食物。”在冲绳时，笔者曾看到猪的头脚被摆放在市场上，足以让人吓一跳，这是冲绳料理深受中餐影响的证明。作者的指证——祭祀时神吃的食物人也吃，正点中了饮食文化中的根本。

餐桌上摆放的筷子，日本是横向摆放的，而中国、韩国是纵向摆放的。这样的事是到当地旅行过的人都会注意到的食文化的差异，但离开当地后，谁都会把为何会这样的问题抛诸脑后。而作者却在敦煌的壁画、宋代的绘画中寻找答案。过去的中国，筷子也是横向摆放的，从北方游牧民族进入中原建立王朝的时代开始，他们使用刀来吃肉的风俗，影响着把筷子纵向摆放习惯的形成，到了元代之后，这样的习俗逐渐定型了。这样的论说确实很有说服力。

“将来，中国餐饮何去何从，这类文化的变动比政局的变化还难以预测。”作者在结语中的这句话充满了幽默感。中餐不只是中国一国的饮食，确实要在不同文化的互相交流中去深入探索其中的究竟。

佐佐木干郎

译后记

《餐桌上的中国史》翻译有感

本书本来是不需要译者来翻译的，其原因读者稍查阅一下作者的履历或略翻阅一下本书便能知晓。起初，经作者的同意，本书若干内容在上海的杂志《上下五千年》上以标题短文发表过。如此，此书的翻译从2014年就开始了。也因为是针对中小学生的读物，编辑的意图颇为单纯，总在给学生带来点知识的层面上。对这样的杂志来说，这可以认同。但现在想起来，有很多问题不是有了知识就能理解或解决的，给学生提供读物的人对这一点也应该有所思考。

此次出版社有意出版本书，使得本书可以以简体中文的形式完整地呈现在读者面前。因有前面一段经历，作者慷慨提出，此书的中文翻译还是由以前的译者承担，这是笔者的荣幸，也是责任。已经着手的译文是否最终在整本书中得以正确地体现，是需要做完的一件事，不容推辞。现在书稿已交出，算是一个交代吧！

翻译之际，总会有一些相应的想法掠过，但时间一过，如果没有记录，很快都会遗忘。本书虽以通俗的笔调描绘“中华料理”的历史变迁，然其内在蕴含着对整个中华文化深层的研究。因此，最后还是想把翻译时附带的体会，整理成以下几点，记录于此。

一、返回孔子时代的分餐制是个奢望？

本书第一章有一节谈了孔子时代的分餐制。第二章中谈到汉代的“案”。关于“案”，《艺文类聚》中有“太子常与荆轲等案而食”的记载[1]，可见中国古代很长一段时间里，饮食是分餐制的，并且是根据地位尊卑安排的。读到这些，我在想是否可以以古论今，倡导恢复分餐制的传统？因为本人对现代中国宴会餐饮中的不节制现象颇有点反感。

中华饮食文化的一个典型的现象就是合餐。中国最大的节日春节的场面多数是这种合餐的场景，被世界当成中国文化的一个标志。但这种饮食方式有不少弊端，其一就是浪费。2013年1月22日至2月24日，中国中央电视台（CCTV）制作了一个名为“舌尖上的浪费”的报道，其中提到“全国每年餐饮行业浪费的蛋白质和脂肪高达800万吨和300万吨，相当于倒掉了2亿人一年的口粮”[2]。这个数字来源

[1]《艺文类聚》，［唐］欧阳询撰，汪绍楹校，上海古籍出版社1982年版。
[2]央视“舌尖上的浪费”系列报道的特色探析，刘冠华，《新闻世界》2013年第5期。

于中国农业大学的一项调查中的推算。据说此调查是选取了中国大中小三类城市中2 700台不同规模的饭局，对餐桌上的饮食情况进行分析测算后得出的。未找到报告原文，引用是间接的。但从大多数中国人的宴会餐饮经验来看，这样的评论不为过分，中国的宴会餐饮确实存在着浪费问题。还有其他弊端，如会餐易传染疾病，不卫生；饮食种类数量不均衡；易引起饮酒过度和用餐时间过长等。总之，媒体节目、研究报告等要传达的信息就是，宴会餐饮的不节制是于己于人不利的习惯，不应当当作文化的标志，而是应当改变的。

但是否可以返回孔子时代，实行分餐制？从文化角度去分析，恐怕不会那么简单。当然，这不是仅从中华文化的强大惯性上推论而得出的，而是从文化的多种要素，特别是饮食方式与住宅空间、家具样式间关系的历史性分析角度得出的。关于住宅空间与家具样式变化的通俗历史文化读物《一章木椅》[1]解说了春秋秦汉乃至魏晋时期的室内布局与家具样式，从书中描绘的状态去想象，似与日本和式住宅的室内状况很接近：案几陈列，席地而坐。本书的第六章中有“从席子到桌子”一节，其中提到隋唐之间，人们开始使用桌椅。这样的图景可以从本书彩图1的《韩熙载夜宴图》、彩图13《宫乐图》等中看出。由于这种住宅空间与家具样式的变化，同桌共餐的情况较以前的时代多了，食物的分配也不会像以前那样严格。可以设想，也就是在这个过程中，分餐制解体，合餐方式多了起来。

对于这样的推论有人并不赞成，他们的论据是欧洲使用高脚家具

[1]《一章木椅》，赵光超等著，生活·读书·新知三联书店2008年5月版。

要比中国历史悠久，而分餐制是文艺复兴末期才产生的，其流行一方面是出于饮食卫生的需要，另一方面则是强调个体的独立性。持这种观点的人以宋代的《十八学士图》等材料为考据，认为唐宋之交是中国由门阀士大夫社会向科举士大夫社会转变的时期。与拘泥于繁文缛节的门阀不同，借由科举制飞黄腾达的新官僚往往出身家族习俗庸简的庶族地主。他们虽也有等级观念，但在生活方式上却远不及士族地主精致挑剔。合餐制是下层饮食文化“上移”的一种表现。这种说法有其道理，但观念与行为的文化状态只是一种表现而已。文化是一种综合体，有许多物理性的因素；也是一种叙事体，即在各种因素的作用下，此时此地的社会氛围叙述了一个故事。分餐到合餐的故事，也是这样的一种文化吧！

因而，以合理化思路和恢复传统的价值取向倡导分餐制，不失为一种良好的文化运动，但其效果会达到何种程度，还不好说。而在历史溯源中发现更多的变量，倾听更多的叙事，会了解文化变迁更接近真实的面貌。

二、小麦面食在历史中的兴起可以是一幅长卷画

本书的第二、第三章阐述了两汉至魏晋时代，中国的主食发生了很大变化，出现了小麦的面食，磨成粉的食用方法带来了食物品种极大丰富的情况。两汉魏晋时代可以说是中国古代食文化的转变期。

小麦面食是如何演变成中国北方的主食的，这一过程中有很多因果关系的细节不太清晰。正如年鉴学派开创的各种生活史研究中经常遇到的难题，许多历史的空白让故事的叙述变得断断续续，让人听起来不太信服。这种问题有时是历史研究最终不能穷尽的遗憾之处。笔者在翻译之际查阅了一些相关资料，也在想象这些历史的空白之处发生了什么。

如第二章中提到的，或由于人口增加、预防灾害饥荒等需求，董仲舒上书汉武帝建议倡导种麦。这是《汉书》中关于麦子的颇为重要的一段记载。但这之后长安的人仍然普遍食用粟米，东汉初期仍少见麦饭，可见麦子的地位并没有多大变化，这种政府倡导的种植，可能效果并不好。另一方面，根据本书的推测，张骞通西域，可能引进了高产的小麦品种、面（粉）食的方法、石磨磨面的技术。有研究称“两汉转磨出土的地区大都是盛产小麦的地区”。两汉时期出土的转磨（包括明器）数量明显增多，而出土年代中东汉明显多于西汉[1]。大约相同的年代，也有不少新疆石磨出土的情况[2]。本书第二章中写道：“由于迄今还没有实物可以证明中国的石磨是从初级阶段发展到高级阶段的，所以高端石磨的制作技术被认为是随着小麦的播种及加工技术经由丝绸之路一起进入中国的。”虽然以上述证据印证两汉之际石磨技术由西域引进还不够充分，但证明这种可能性的研究结果在增加。随着磨粉食用方式的推广，加之发酵法在面食中的应

[1]李发林：《古代旋转磨试探》，《农业考古》（“古代旋转磨数据一览表”）1986年第2期。

[2]王博：《新疆考古发现的两汉时期石磨》，《龟兹学研究（第五辑）》2012年3月。

用，食用小麦的人口增加，推动了小麦种植的增加。其间是否有外来的高产、适合种植的小麦品种引入，至今很难证实。有研究称，华北地区降水量较小，原本不适宜小麦生长。但汉代有比较广泛的水利工程，使得种植小麦的土地得到灌溉，从而使小麦的大面积种植成为可能[1]。虽然笔者不懂农业技术，但这样的说法听起来似乎有可信度。

隋唐时代，小麦的种植又有进一步的发展，日本历史学者西嶋定生以“碾硙经营”一词来描述隋唐时代以小麦为主的谷物加工产业的发展与经济的关系，他认为这种加工业的发展是与“两年三季制”的小麦种植方式相关的[2]。至宋代，南方的面食加工法甚至反过来影响了北方（见本书第六章）。而再接下去，也有明代由于南方人移民至北京，使原本以面食为主的北京地区反而时兴米食的说法。南方人没有完全接受小麦面食，即便是到了现代也还存在这种状况。笔至这里，笔者想起了中国的长卷画，如《清明上河图》那样使用散点透视的画卷。小麦在中国食文化中兴起的历史长卷，可能就像这样的长卷画，延绵不断，移步换景。这样的长卷画在历史的风雨中有点破损空白，恐怕也是在所难免的吧。

[1]卫斯：《我国汉代大面积种植小麦的历史考证》，《中国农史》1988年第4期。
[2]［日］西嶋定生著，冯佐哲、邱茂、黎潮合译：《中国经济史研究》第五章《碾硙发展的背景——华北农业两年三季制的形成》，农业出版社1984年版。

三、“鱼翅海参”或“金齑玉脍”之中华料理

上海方言中称菜肴的味道浓郁为“浓油赤酱”，中国菜中往往有很重的调味，或过度的烹调，这也是世界对中国食文化的一个印象。关于这种过度使用食材、过度的烹调、过度的餐饮方式的现象，张竞先生在他的另一本关于中国食文化的书《中国人的胃（中国人の胃袋）》（basilico，2008）中有一节专门谈到了这一点［“浪费中隐藏着的合理（むだのなかに隠された合理）”］。如《齐民要术》里的“炙豚”（烤乳猪）、清代《醒园录》里的“绣球燕窝”、《随园食单》里的“煨鹿筋”等菜，其烹饪方法可谓登峰造极。这段文章认为，这种浪费或过度加工中隐藏着某种合理性，促进了饮食的多样化与进化。如因为浪费了很多面粉，才有现在素斋料理中的主角“面筋”；因为有“丢弃”和“拾起”的食材阶层性，才有“煮蹄筋”之类动物特殊部位菜肴的产生；因为有过度加工的习惯，才会发现后来指代所有高级佳肴的“鱼翅海参”中的鱼翅、海参一类菜品。这可以说是中国饮食文化“过犹及”的特征。

不过中国菜也有另一个侧面，即保持食材本色的原始的制作法和清淡简洁的烹调法。本书第一章中的一节译为“生肉为脍”，原文的标题是说相对于日本料理的“刺身”，古代中国也有食用生的肉、鱼的美味佳肴。而对于汉语读者来说，是要提示中国古时就有生食，且这种生食不是烹饪方法匮乏而无可奈何之举，而是美食的极致。比如《论语》中人们熟知的“食不厌精，脍不厌细”的说法，其内涵就有着推至极致的饮食追求。成语“脍炙人口”显然原本与吃有关，从

原始的味觉享受出发推至人的各种快感。而其中最为登峰造极的一种就是所谓“金齑玉脍”。《说文解字》中有“脍，细切肉也”[1]的说法，这里的“肉”也包括鱼肉，因此鱼肉的脍有时也就写作“鲙”。所谓“玉鲙”，《太平广记》卷第二百三十四中有这样的记载：“收鲈鱼三尺以下者作干鲙，浸渍讫，布裹沥水令尽，散置盘内，取香柔花叶，相间细切，和鲙拨令调匀，霜后鲈鱼，肉白如雪，不腥，所谓金齑玉鲙，东南之佳味也。”[2]而“金齑”，则在《齐民要术》卷八《八和齑第七十三》中有这样的记载：“谚曰：‘金齑玉脍’，橘皮多则不美，故加栗黄，取其金色，又益味甜。”[3]原本“八和齑”就是肉类生食的上佳调料，“金齑”则更是其中的极品，以至于“金齑玉脍”等同于后世的“鱼翅海参”，为所有美味佳肴的代名词了，这可以说是中国颇具古典意蕴的佳肴。

此后时代的生食习惯可见于唐代高僧义净的《南海寄归传》，此书卷三介绍了唐代蔬菜生吃的习惯。及至宋代，蔬菜生食仍然很普遍，甚至宫廷里也是生食的（见本书第五章）。说到宋代的食文化，本书通过《东京梦华录》（北宋）和《武林旧事》（南宋）的记载描述了许多有趣之事。有人认为，上述两本书描述的都是宋代城市市民阶层的日常生活。宋代经济的发展，促成了这样的阶层的形成。而由于有这个阶层的存在，支撑着林洪完成了《山家清供》这样的充满文

[1]《说文解字》，［汉］许慎撰，中华书局1983年版，第149页。

[2]《太平广记》（全十册），李昉等编，中华书局1961年版，卷第二百三十四，一七九一。

[3]《齐民要术译注》，［北朝］贾思勰撰，缪启愉、缪桂龙译注，上海古籍出版社2009年版，第494页。

人追求的饮食典籍。本书第五章中描述了《山家清供》中收集的种种清淡、少油的宋代文人菜肴，如不用或少用油，只靠蒸煮的“蟹酿橙”“山海兜”；高宗皇帝夏日最爱的清淡饮料“沆瀣浆”；在杜甫诗中就有记载的“槐叶冷淘”等。这些如同今日日本料理的菜肴，也是当时中国饮食的另一种追求。但这种充满市民文化气息的追求与南宋其他的文化追求一样，是一种风雨飘摇中的自我解脱，注定无法成为中国饮食文化的主流而传递给下一个时代。

关于本书的翻译，有几点稍做说明。第一，“中华料理”一词是日语词，但在涵盖中国菜肴的文化性与跨国界的意义上有比较方便的地方，因此，译文中的若干处保留了这一词语，也是一种“不译”的翻译。第二，“料理”一词也是日语词，但其汉字的名词化使用方法有方便之处，也为现在的年轻一代所接受。如“泰国料理”“法国料理”可译成“泰国菜”“法国菜”，但“料理书”不能译为“菜书”，而“烹饪书”的说法有其局限。台湾使用“料理”一词，本书中一些地方也使用这一词。[1]第三，原书中使用的文献，翻译中尽量以原文配译文的方式处理，以方便读者查阅和理解。个别比较接近现代汉语的文献引用没有翻译。翻译所用的中文典籍与文献的索引见“译者参考文献”。

《中華料理の文化史》出版简体中文版，译者、编者会坚守翻

[1]本书先于台湾出版了繁体中文版。考虑到大陆较少用到“料理”一词，因此简体中文版中酌情减少了该表述的使用，“料理书”也以“饮食典籍”“食谱”代替。——编者注

译、编辑出版的基本准则，努力将一本既忠实于原文又文字流畅的译书呈献给读者。本书虽然是在谈中国文化，但因涉及食文化历史的方方面面，还是可能会有诸多翻译上或文化理解上的问题，译者期待着相关方面的专家、读者的批评指正和补充。

方明生 方祖鸿